Das bietet Ihnen die CD-ROM

Mit den Rechnern ermitteln Sie schnell und unkompliziert Kennzahlen für Ihr Unternehmen:

Kennzahlen zu
- Aufträge und Angebote
- Forderungen und Verbindlichkeiten
- Kapital
- Kostensenkung
- Liquidität
- Materialwirtschaft
- Produktivität
- Rentabilität
- Vermögen
- Wirtschaft
- Working Capital und Cashflow

Darüber hinaus sind viele weitere Rechner auf der CD-ROM, die Sie in Ihrer Arbeit unterstützen sollen:
- Balanced Scorecard Diagramm
- Break-Even-Gewinn, -Umsatz
- Budgetkontrolle (Businesslösung)
- Deckungsbeitragsrechnung Artikel
- Finanzplanung
- Fluktuationsquote
- Investitionsrechnungsverfahren
- Marktanteile
- Optimale Bestellmenge
- Rendite
- Rentabilitätskennzahlen

Bibliographische Information Der Deutschen Bibliothek

Die Deutsche Bibliothek verzeichnet diese Publikation in der Deutschen National-
bibliographie; detaillierte bibliographische Daten sind im Internet über
http://dnb.ddb.de abrufbar.

ISBN-10: 3-448-07187-0   Bestell-Nr. 01442-0001
ISBN-13: 978-3-448-07187-0

© 2006, Rudolf Haufe Verlag GmbH & Co. KG
Niederlassung München
Redaktionsanschrift: Postfach, 82142 Planegg
Hausanschrift: Fraunhoferstraße 5, 82152 Planegg
Telefon: (089) 895 17-0
Telefax: (089) 895 17-290
www.haufe.de
online@haufe.de
Lektorat: Dipl.-Kffr. Kathrin Menzel-Salpietro

Redaktion und DTP: Peter Böke, 10961 Berlin
Umschlag: HERMANNKIENLE, 70199 Stuttgart
Druck: Bosch-Druck GmbH, 84030 Ergolding

Zur Herstellung dieses Buches wurde alterungsbeständiges Papier verwendet.

Schnelleinstieg Kennzahlen

von

Manfred Weber

Haufe Mediengruppe
Freiburg · München · Berlin · Würzburg

Inhaltsverzeichnis

Vorwort

Zahlen mit besonderer Aussagekraft sind Kennzahlen. Den Gesamterfolg und die Wirtschaftlichkeit einzelner Geschäftsprozesse können Sie mit Kennzahlen messen und steuern. Die Rentabilität, der Return on Investment (ROI) und der Cashflow zeigen die Finanz- und Ertragskraft eines Unternehmens. Während finanzielle Kennzahlen harte Faktoren („hard facts") erfassen, messen Kennzahlen wie die Kundenzufriedenheit oder die Mitarbeitermotivation Verhaltensweisen und Einstellungen, also weiche Faktoren („soft facts").

Der vorliegende Praxisratgeber präsentiert nach einem allgemein verständlichen Einstieg in das Thema die Bandbreite wirksamer Messungen:
- Mit Kennzahlen die Finanzierung sichern
- Personalkennzahlen, harte und weiche Messungen
- Richtig informiert über Märkte, Absatz und Kunden
- Interne Geschäftsprozesse mit Kennzahlen planen und steuern
- Kennzahlensysteme Tableau de bord und Balanced Scorecard

Alle Kennzahlen werden anhand praktischer Beispiele erläutert, Formulare und Fragebögen erleichtern die Erfassung weicher Daten. Übersichtliche Checklisten und Tipps helfen bei den Messungen in der betrieblichen Praxis und zeigen, wie Verbesserungen in den verschiedenen Unternehmensbereichen möglich sind.
Sie erfahren auch, wie Sie die weichen Faktoren in den Griff bekommen und warum Sie sich auf eine Auswahl von 10 bis 20 Schlüsselkennzahlen beschränken sollten.

Manfred Weber und die Redaktion des Haufe Buchverlags

1 Was sind Kennzahlen?

Das besondere an Kennzahlen ist ihre Aussagekraft. Mit Kennzahlen lassen sich komplexe Sachverhalte erfassen, messen und in knapper Form darstellen. Im Unternehmen spielen sie überall dort eine wichtige Rolle, wo Planungs-, Steuerungs- und Kontrollaufgaben anfallen.

Das bietet Ihnen dieses Kapitel

In diesem Kapitel erhalten Sie grundlegende Informationen zum Gebrauch von Kennzahlen. Im Einzelnen erfahren Sie,

- wie Kennzahlen gebildet werden,
- welche Aufgabe volkswirtschaftliche Kennzahlen haben,
- wie Sie harte und weiche Erfolgsfaktoren beurteilen,
- wie Sie mit Kennzahlen Vergleiche durchführen und
- wie Sie Kennzahlen als Steuerungsinstrumente im Unternehmen einsetzen.

1.1 Wie werden Kennzahlen gebildet?

Mit Zahlen wird gemessen und benotet, verglichen und analysiert, untermauert und bewiesen. Auf Basis harter Daten werden viele Entscheidungen gefällt, sei es im Bildungsbereich, in der Politik oder in der Wirtschaft. Mit Zahlen lässt sich alles erfassen – behauptet zumindest die Statistik. Die Meinung, dass Statistiken zur Verzerrung, Verkürzung oder Manipulation von Fakten dienen, ist weit verbreitet. Doch ist zu bedenken, dass sie Sachverhalte objektivieren können. Fälschungen sind nicht der Methode selbst, sondern ihren Anwendern anzulasten. Entscheidend ist, dass die Zahlen möglichst sachgemäß ermittelt, ausgewählt und dargestellt werden.

Statistische Auswertung

Die Auswertung von betrieblich erfassten Zahlen gehört mit zum wichtigsten Handwerkszeug des Managers. Er muss über finanzielle Resultate informiert sein, aber auch wissen, ob bestimmte Arbeits-

Auswertung von Zahlen

7

prozesse optimal verlaufen. Objektive Zielvorgaben, die messbar sind, muss er formulieren können. Dabei helfen ihm nicht endlose Zahlenkolonnen, vielmehr benötigt er aussagekräftige Informationen, die er durch Kennzahlen erhält.

Kennzahlen

Kennzahlen sind leicht fassbare, genaue Zahlenangaben über betriebliche und außerbetriebliche Tatbestände. Der Begriff „Kennzahl" soll auch die Bezeichnungen Kennziffer, Ratio, Messzahlen, Messziffern, Schlüsselzahlen, Standardzahlen und Standardziffern umschließen.

Wie lassen sich aussagekräftige Informationen über das Unternehmen gewinnen?

Betriebswirtschaftliche Kennzahlen (im Folgenden nur noch „Kennzahlen") sind Zahlen zu betriebswirtschaftlichen Sachverhalten, zum Unternehmen und seinen Funktionen. Um sie zu ermitteln, werden die umfangreichen im Unternehmen gewonnenen Daten verarbeitet und verdichtet, wobei mehrere – häufig verschiedenartige – Größen in einen sinnvollen Zusammenhang gebracht werden.

Betriebswirtschaftliche Kennzahlen und Betriebsdaten

Die gebräuchlichsten betriebswirtschaftlichen Kennzahlen messen den finanziellen Erfolg eines Unternehmens. Eine wichtige Rolle spielen Finanz- und Bilanzkennzahlen bei der Auswertung des Jahresabschlusses (mit Bilanz, Gewinn- und Verlustrechnung sowie Anhang). Die Gesamtheit der betriebswirtschaftlichen Kennzahlen umfasst aber noch mehr Aspekte eines Unternehmens.

Unternehmens- Aus dem Zahlenmaterial der folgenden Unternehmensbereiche
bereiche lassen sich Kennzahlen gewinnen:

* Rechnungswesen
* Controlling
* Finanzressort
* Personalbereich
* Produktion
* Materialwirtschaft
* Marketing/Verkauf

Kennzahlen vermitteln in komprimierter Form besonders relevante Informationen über ein Unternehmen. Damit unterscheiden sie sich von der Mehrzahl der Betriebsdaten, aber auch von einfachen Ergebniszahlen der Bilanz.

Mit Kennzahlen Zusammenhänge verstehen

Erst der Zusammenhang zwischen verschiedenen Mengen- und Wertzahlen zeigt, wie erfolgreich ein Unternehmen wirklich ist. Kennzahlen schaffen solche sinnvollen Zusammenhänge zwischen betriebswirtschaftlichen Größen. So informiert z. B. die Anlagendeckung, die Relation von Anlagevermögen zu Eigenkapital, wie solide ein Unternehmen finanziert ist.

1.2 Die wichtigsten volkswirtschaftlichen Kennzahlen

So wie mit betriebswirtschaftlichen Kennzahlen Daten eines Unternehmens verarbeitet werden, verdichten volkswirtschaftliche Kennzahlen das in einer Volkswirtschaft anfallende Datenmaterial. Der Erfolg oder Misserfolg der nationalen Wirtschaftspolitik wird anhand der Eckdaten über die Gesamtwirtschaft beurteilt. Viele volkswirtschaftliche Kennzahlen wie die Arbeitslosenquote werden in regelmäßigen Abständen erhoben und veröffentlicht; durch den Vergleich mit den vorangegangenen Monaten oder früheren Jahren lassen sich Entwicklungen verfolgen oder Tendenzen aufzeigen.

Gesamtwirtschaftliche Perspektive

Wirtschaftswachstum, Inflation und Beschäftigung

Einen hohen Stellenwert in der öffentlichen Diskussion und in der staatlichen Wirtschaftspolitik haben das Wirtschaftswachstum, die Beschäftigung und die Preisstabilität. Die hierzu ermittelten Kennzahlen werden daher genau verfolgt und in monatlichen Abständen veröffentlicht.

Das Wirtschaftswachstum wird an der Entwicklung des Bruttosozialprodukts gemessen. Das Bruttosozialprodukt umfasst alle Güter und Dienstleistungen eines Jahres in einer Volkswirtschaft und ist damit der umfassendste Ausdruck für die volkswirtschaftlichen

Wirtschaftswachstum

Aktivitäten. Beim jährlichen Wirtschaftswachstum wird der Anstieg des Bruttosozialprodukts mit dem Vorjahr verglichen, d. h. die Veränderung gegenüber dem entsprechenden Vorjahreszeitraum wird in Prozent angegeben.

$$\text{Wirtschaftswachstum} = \frac{\text{Anstieg des Bruttosozialprodukts} \times 100}{\text{Bruttosozialprodukt im Vorjahr}}$$

Achtung:
Ein echtes Wachstum liegt nur vor, wenn ein realer Zuwachs des Sozialprodukts erfolgt ist.

Inflationsrate

Eine wichtige volkswirtschaftliche Kennzahl ist die Inflationsrate, auch Preissteigerungsrate genannt. Darunter versteht man den Anstieg der Lebenshaltungskosten bzw. die Preissteigerung gegenüber dem Vorjahr in %. Eine Rate von 3 % bedeutet, dass die Preise gegenüber dem entsprechenden Vorjahreszeitraum um 3 % gestiegen sind.

$$\text{Inflationsrate} = \frac{\text{Anstieg Verbraucherpreise im Jahr} \times 100}{\text{Verbraucherpreise im Vorjahr}}$$

Den Arbeitsmarkt schließlich können Sie anhand von vier Zahlen analysieren und beobachten:
- Gesamtzahl der Beschäftigten
- Zahl der Arbeitslosen
- Zahl der Kurzarbeiter
- Zahl der offenen Stellen

Arbeitslosenquote

Die Arbeitslosenquote ist die wichtigste Kennziffer des Arbeitsmarktes und zeigt das Verhältnis der Zahl der Arbeitslosen (der arbeitslos Gemeldeten) zur Zahl aller Arbeitnehmer bzw. aller Erwerbspersonen.

$$\text{Arbeitslosenquote} = \frac{\text{Arbeitslose} \times 100}{\text{alle Arbeitnehmer}}$$

Tipp: Prüfen Sie, was sich hinter den Zahlen verbirgt

Selbst häufig verwendete Kennzahlen kann man oft erst einordnen und beurteilen, wenn man über ein gewisses Hintergrundwissen verfügt. So ist z. B. zu berücksichtigen, dass die Zahl der Arbeitslosen nicht mit der Anzahl aller tatsächlich arbeitslosen bzw. beschäftigungslosen Bundesbürger übereinstimmt. Vielmehr erfasst die Zahl nur die Personen, die sich bei den Arbeitsämtern arbeitslos/arbeitssuchend gemeldet haben und damit auch in der offiziellen Arbeitsmarktstatistik erscheinen. Aus diesem Raster fallen somit z. B. „arbeitslose" Selbstständige und Schul- oder Hochschulabgänger, die sich beim Arbeitsamt (noch) nicht haben registrieren lassen.

Weitere volkswirtschaftliche Kennzahlen

Von Bedeutung für die Lage der Volkswirtschaft sind ferner die Lohnquote der Arbeitnehmer, die Gewinnquote der Unternehmer und die Sparquote. Unter der Lohnquote versteht man den Anteil der gesamten Arbeitnehmereinkommen am Volkseinkommen. *Lohnquote*

$$\text{Lohnquote} = \frac{\text{Löhne und Gehälter} \times 100}{\text{Volkseinkommen}}$$

Das Gegenstück zur Lohnquote ist die Gewinnquote, der Prozentanteil der Unternehmereinkommen am Volkseinkommen. Lohn- und Gewinnquote ergeben zusammen 100 %. Zu beachten ist, dass Lohn- und Gewinnquote nur die Verteilung des Volkseinkommens nach Einkommensarten anzeigen, nicht aber nach Einkommensbeziehern. *Gewinnquote*

Die Sparquote ist der Anteil der Ersparnisse am verfügbaren Einkommen. Eine hohe Sparquote der privaten Haushalte führt zu einer nachhaltigen Geldvermögensbildung. *Sparquote*

$$\text{Sparquote} = \frac{\text{private Ersparnis} \times 100}{\text{verfügbares Einkommen}}$$

1.3 Messen und bewerten mit Kennzahlen

Absolute Zahlen

Wenn absolute Zahlen besonders wichtige Informationen vermitteln, spricht man von Kennzahlen. Solche absoluten Zahlen mit hohem Informationsgehalt sind etwa:

- Umsatz
- Gewinn
- Bilanzsumme
- Belegschaftsstärke

Absolute Zahlen können auf Mengenangaben und Wertangaben basieren. So wird etwa der Höchstbestand in der Materialwirtschaft meistens in Stückzahlen angegeben, während Kundenforderungen oder die Bilanzsumme Wertangaben sind.

So berechnen Sie Verhältniszahlen

Als Quotient aus zwei absoluten Zahlen müssen Verhältniszahlen erst errechnet werden. Der zu messende Wert erscheint im Zähler und die Bezugsgröße im Nenner.
Verhältniszahlen lassen sich unterscheiden in

- Gliederungszahlen,
- Indexzahlen und
- Beziehungszahlen.

Gliederungszahlen

Bei den Gliederungszahlen wird das Verhältnis eines Teils zum Ganzen dargestellt, der zu messende Wert im Zähler ist ein Teil der Bezugszahl im Nenner. Die Teilgröße kann damit in Prozent der Bezugszahl angegeben werden. Gliederungszahlen entstehen immer dann, wenn eine Teilgröße zu einer Gesamtgröße in Beziehung gesetzt wird, z. B. Umsatz des Produktes X oder des Absatzgebietes Y in Prozent des Gesamtumsatzes, Lohn- und Gehaltskosten in Prozent der Gesamtkosten.

Beispiel:

Ein Unternehmen hat folgende Umsatzzahlen in einem Jahr:

Inland	7.557.400 €
Ausland	5.308.900 €
Gesamtumsatz	12.866.300 €

Die Kennzahl Exportquote ergibt sich aus der Gegenüberstellung der   Exportquote
Auslandsgeschäfte zur Bezugszahl Gesamtumsatz.

$$\text{Exportquote} = \frac{\text{Auslandsgeschäfte} \times 100}{\text{Gesamtumsatz}}$$

$$\text{Exportquote} = \frac{5.308.900 \times 100}{12.866.300} = 41,26\,\%$$

Bei den Indexzahlen wird der absolute Wert eines bestimmten Zeit-   Indexzahlen
punktes bzw. ein typisches Jahr (das Basisjahr) gleich 100 gesetzt,
z. B. wird die Zahl der Beschäftigten auf einen bestimmten Stichtag,
gleich Basis 100, bezogen. Alle späteren oder früheren Zeitpunkte
zeigen dann die prozentualen Abweichungen zu diesem Bezugszeit-
punkt.

Beziehungszahlen zeigen die Verbindung zwischen zwei verschiede-   Beziehungs-
nen Massen (Größen), zwischen denen es einen logischen Zusam-   zahlen
menhang gibt, z. B. Gewinn zu Kapital, Umsatz pro Kopf der Belegschaft, Umsatz je Flächeneinheit im Handel.

Erfassung von quantitativen und qualitativen Tatbeständen

Viele betriebswirtschaftliche Tatbestände sind quantitativer Natur,
lassen sich also zählen (numerische Dimension). Von einem absoluten Nullpunkt ausgehend gibt es einen klaren Maßstab mit regelmäßigen Abständen, wodurch die Messobjekte eindeutig zugeordnet
werden können. So entsprechen den Vermögensgegenständen, den
Schulden und dem Gewinn eindeutige Werte.

Die klare Zuordnung des kardinalen Messens ist jedoch nicht möglich, wenn Sie qualitative bzw. weiche Faktoren, also bestimmte
Einstellungen wie z. B. die Kundenzufriedenheit oder die Mitarbeitermotivation messen wollen. Hierfür haben Sie die Möglichkeit des
ordinalen Messens, der Zuordnung zu bestimmten Wertgrößen.

Kardinales Messen

Manche Messungen gehen ganz einfach – indem man zählt und rechnet. Das so genannte „kardinale Messen" bedeutet, dass Sie Sachverhalte quantitativ, z. B. in Euro, ausdrücken können. Es setzt natürlich voraus, dass die untersuchten Gegenstände auch eindeutig zählbar, messbar oder errechenbar sind.

Ordinales Messen

Beim „ordinalen Messen" werden Skalen mit Rangordnungen gebildet – damit lässt sich beispielsweise die Qualität verschiedener Produkte bewerten. Eine in Zahlen ausgedrückte Bewertung (etwa 20„Fehler") kann, muss aber den Sachverhalt nicht unbedingt genauer als eine ordinale Notengebung („sechster Rang") wiedergeben. Die ordinale Messung beinhaltet einen Maßstab, der jedoch erst – nach bestimmten Kriterien – festgelegt werden muss. Kennzeichnend für die ordinale Messung ist, dass die Bewertung immer nur in einem Vergleich erfolgt und die Genauigkeit der Abstände zwischen den Notenstufen meist beschränkt ist. Da bei solchen qualitativen Messungen häufig gefühlsmäßige Einschätzungen eine Rolle spielen, ist eine hundertprozentige objektive Zuordnung nicht immer möglich. Ein Bewertungsraster mit den Noten „sehr gut", „gut", „befriedigend" usw. ist zwar auf viele Tatbestände anwendbar, setzt aber auch eine subjektive Einstellung voraus, zumindest immer dann, wenn nicht bereits kardinale Größen hinter den Tatbeständen stehen (etwa die Anzahl von Fehlern, aus der sich die Notenstufen dann ergeben).

Die einfachste Form der ordinalen Messung kennt nur die Trennung in „erreicht" und „nicht erreicht". Anstelle einer Notenvergabe, die häufig die Skala von 1 („sehr gut") bis 6 („ungenügend") umfasst, kann auch ein Punktebewertungssystem entwickelt werden.

Kunden-
befragung

Ergebnisse aus ordinalen Messungen, etwa bei Kundenbefragungen, können ebenso wie kardinale Messungen zur Bildung von Kennzahlen herangezogen werden oder in Kennzahlen einfließen. Dazu können Sie z. B. den Durchschnitt der Noten errechnen, die die Kunden bestimmten Leistungen erteilt haben, und diese Durchschnittszahl in eine sinnvolle Beziehung zu einer davon abhängigen Ergebnisgröße setzen.

Was messen Kennzahlen?

Mit Kennzahlen soll in erster Linie der Gesamterfolg eines Unternehmens gemessen werden. So geben Bilanzkennzahlen Auskunft über die finanzielle Stabilität und die Ertragslage des Unternehmens. Aber auch andere erfolgsrelevante Faktoren, etwa die Effektivität einzelner Funktionen oder Abläufe, sollen mithilfe von Kennzahlen messbar gemacht werden.

Gesamterfolg eines Unternehmens

Kennzahlen können sich auf folgende Sachverhalte beziehen:

- die finanzielle Performance (z. B. Cashflow)
- betriebliche Abläufe bzw. Prozesse (z. B. Durchlaufzeiten)
- Qualität der Produkte und Dienstleistungen (z. B. Anzahl der Reklamationen)
- die Lieferanten (z. B. Pünktlichkeit der Lieferungen)
- die Mitarbeiter (z. B. Fluktuation)
- die Kunden (z. B. verlorene Kunden)

1.4 Die Beurteilung von harten und weichen Erfolgsfaktoren

Die wichtigsten finanziellen Kennzahlen

Der Erfolg (engl. „performance") gilt als wichtigster Maßstab für die Wirtschaft – wobei sich der finanzielle Erfolg eines Unternehmens besonders leicht messen lässt. Die klassischen Kennzahlen beziehen sich auf den Jahresabschluss. Gewinn, Rentabilität, Return on Investment (ROI) und Cashflow sind die wichtigsten finanziellen Kennzahlen. Sie finden in der Praxis bei den meisten Unternehmen auch die größte Beachtung. Die finanzielle Performance eines Unternehmens zeigt sich aber noch in einer Vielzahl von anderen Daten: Umsatzzahlen, Außenstände, Schulden, Einnahmen, Ausgaben, Aufwendungen sind nur einige von ihnen.

Überbetonung der kurzfristigen Finanzergebnisse

Für viele Unternehmen stehen der kurzfristige Gewinn und die richtige Finanzierung im Vordergrund. Die Verbesserung der Rentabilität des investierten Kapitals wird dabei häufig als primäres Unternehmensziel angesehen. Ein Unternehmen kann natürlich seinen Gewinn rasch verbessern, indem es viele Mitarbeiter entlässt und so die Kosten senkt. Die direkten Auswirkungen auf die Kosten zeigen sich schon bald, während sich die negativen Folgen, z. B. weniger Kundenzufriedenheit, Überlastung der Mitarbeiter und schlechtere Arbeitsmoral, erst viel später bemerkbar machen.

Shareholder Value Die Überbetonung der kurzfristigen Finanzergebnisse hat zum Shareholder Value geführt, der eine langfristige Wertschöpfung und hohe Renditen für die Eigentümer (Aktionäre) erreichen will.

Die Verbindung von finanziellen mit nicht-finanziellen Maßstäben

Ebenso wie eine einzelne Kennzahl die komplexe Unternehmenssituation nicht erfassen kann, reichen auch Kennzahlen, die nur die finanzielle Performance erfassen, für die Beurteilung eines Unternehmens nicht aus. Dies hat mehrere Gründe:

- Finanzielle Kennzahlen zeigen die Ergebnisse oft zu spät, weil sie auf die Vergangenheit bezogen sind: Sie geben zwar den Erfolg einer abgelaufenen Periode genau wieder, besitzen aber für die künftige Entwicklung nur wenig Aussagekraft.
- Andererseits erfassen finanzielle Kennzahlen nicht alle für den Erfolg maßgebenden Größen; denn sie sagen nichts darüber aus, wie diese Zahlen erreicht wurden, welche Faktoren den Erfolg oder Misserfolg begründen. Sie verschleiern, dass der Erfolg auch eine nicht-finanzielle Komponente hat.
- Finanzielle Kennzahlen geben keine klaren Hinweise darauf, mit welchen Maßnahmen der Erfolg gesteigert werden kann.
- Außerdem treffen die meisten finanziellen Kennzahlen häufig sehr globale Aussagen. Deswegen sind sie für den Mitarbeiter im operativen Geschäft nicht praktisch einsetzbar.

Tipp:

Kennzahlen sollten sich auf alle drei Perspektiven – Gegenwart, Vergangenheit und Zukunft – beziehen. Auskunft über die Vergangenheit geben Finanzkennzahlen. Um auch etwas über die Zukunft zu erfahren, brauchen Sie Kennzahlen, die Trends aufdecken und etwas über die Perspektiven des Unternehmens aussagen.

Welche Bedeutung haben weiche Erfolgsfaktoren?

Die finanziellen Indikatoren, die das Verhältnis von Leistung und Gewinn bestimmen, nennt man („hard facts"). Nicht nur die klassischen Kennzahlen wie Rentabilität oder Cashflow erfassen solche harten Faktoren, auch der Beschäftigungsgrad, Rüstzeiten, die Durchlaufzeiten und der durchschnittliche Lagerbestand sind Beispiele für harte, messbare Faktoren. *Harte Faktoren*

Heute gewinnen jedoch Kennzahlen zur Messung nicht-finanzieller Faktoren an Bedeutung. Die Fähigkeit eines Unternehmens, die Bedürfnisse seiner Kunden optimal zu erfüllen und sie langfristig an sich zu binden, ist im heutigen Wettbewerb besonders wichtig. Denn es besteht ein enger Zusammenhang zwischen Rentabilität und Kundenzufriedenheit. *Weiche Faktoren*

Fragen der Kundenzufriedenheit und der Mitarbeitermotivation beruhen vor allem auf Verhaltensweisen und Einstellungen. Sie sind mit klassischen Kennzahlen nicht erfassbar. Solche Tatbestände werden als weiche Faktoren („soft facts") bezeichnet. Diese sind quantitativ nicht zu beschreiben und nicht vollständig erklärbar, haben aber eine große Bedeutung für den Unternehmenserfolg. Die eher subjektiven Einflussfaktoren auf den finanziellen Erfolg lassen sich mit Kennzahlen, die aus ordinalen Messungen resultieren, erfassen.

Tipp:

Vor allem Kundenwünsche und -zufriedenheit, die Bedürfnisse Ihrer Lieferanten und die Einstellungen Ihrer Mitarbeiter sollten Sie bei den weichen Messungen berücksichtigen.

Die Messung der weichen Faktoren ist allerdings aufwändig. In der Regel werden solche qualitativen Untersuchungen, z. B. über die Kundenzufriedenheit, in Form von Befragungen durchgeführt, wie man sie aus der Marktforschung kennt. Dazu werden Fragebögen entwickelt, die man schriftlich, durch Telefonbefragungen oder in Interviews von der Zielgruppe beantworten lässt. In der Auswertung werden die qualitativen Ergebnisse mit geeigneten statistischen Methoden aufbereitet und quantifizierbar gemacht. Aus den Ergebnissen können Sie dann Kennzahlen ableiten.

Tipp: Informieren Sie sich umfassend

Wenn Sie umfassend über die realen Verhältnisse im Unternehmen unterrichtet werden wollen, müssen Sie auch weiche Faktoren in Ihr Messsystem aufnehmen. Dabei fragen Sie: „Welches Verhalten und welche Einstellungen bewirken das finanzielle Ergebnis und wie können diese Faktoren gemessen werden? Wie lassen sich die Einstellungen der Kunden, der Mitarbeiter und der übrigen am Unternehmen Beteiligten beurteilen? Mit welchen Zielvorgaben erreichen wir Verbesserungen?"

Während harte Kennzahlen zeigen, wie gut das Unternehmen bisher war, weisen weiche Kennzahlen häufig in die Zukunft. Wenn Sie heute weiche Faktoren messen, erhalten Sie Einblicke in Trends, können Entwicklungen Ihres Unternehmens besser einschätzen und Fehlern wirksam entgegensteuern.

Checkliste: Was sollten Sie bei nicht-finanziellen Kennzahlen beachten?	
Welche weichen Faktoren haben in Ihrem Unternehmen den größten Einfluss auf den finanziellen Erfolg?	
Lassen sich aus Ihren nicht-finanziellen Maßstäben Aussagen hinsichtlich „gut" und „schlecht" gewinnen, so dass der Spielraum für Verbesserungen deutlich wird?	
Wenn Sie die Zielwerte erreicht haben, dann sollten Sie neue Maßstäbe für weiche Faktoren einführen.	

1.5 Mit Kennzahlen Vergleiche durchführen

Vergleichen bedeutet Gemeinsamkeiten und Unterschiede feststellen. Unter Betriebsvergleich wird die Anwendung systematischer Methoden verstanden, um ein Unternehmen global oder in seinen einzelnen Bereichen (z. B. Materialwirtschaft, Produktion) mit früheren Perioden oder mit anderen Unternehmen zu vergleichen.

Betriebsvergleich

Innerbetriebliche Vergleiche

Für den innerbetrieblichen Vergleich gibt es mehrere Möglichkeiten:
- sachliche Vergleiche: z. B. Beschaffung, Fertigung, Verkauf
- zeitliche Vergleiche: z. B. Jahr 01 und Jahr 02
- Soll-Ist-Vergleiche: bestehende oder tatsächliche Zustände mit der Soll-Entwicklung vergleichen.

Der Zeitvergleich ist ein Ist-Ist-Vergleich, es werden beispielsweise zwei oder mehrere Jahres-, Quartals- oder Monatsbilanzen einander gegenübergestellt und analysiert. Ebenso können Auftragsbestände, Fertigungszahlen oder die Kostenstruktur des laufenden Jahres mit denen des Vorjahres verglichen werden.

Zeitvergleich

Zeitvergleich im Controlling

Der Zeitvergleich ist auch ein wichtiger Aspekt des Controlling: Dabei werden die Zahlen des Vorjahres, des Plans und die Ist-Zahlen des laufenden Jahres verglichen. Beim Soll-Ist-Vergleich werden geschätzte bzw. vorgegebene Zahlen (Planwertzahlen) mit effektiv entstandenen Zahlen (Istwerte im Abrechnungszeitraum) verglichen. Dieser Vergleich und die Analyse der Abweichungen ist ein wichtiges Führungsinstrument und hat auch eine große Bedeutung im Controlling.

Kennzahlen im Controlling			
Führungs-aufgaben	Planaufstellung • Problem darlegen • Durchführung • Informations-sammlung • Entwicklung und Bewertung von Lösungen Planverabschiedung (Entscheidung für eine Lösung)	Steuerung Durchführung festlegen und veranlassen, auf Abweichungen reagieren	Kontrolle Erfolgte Durchführung überprüfen und mit den Vorgaben vergleichen
Kennzahlen	Ziele formulieren, Kennzahlen auswählen und Zielwerte festlegen	Zielwerte kommunizieren und Messungen durchführen	Istwerte mit Sollwerten vergleichen

Das Controllingkonzept ist ein betriebswirtschaftliches Berichts- und Steuerungssystem für interne Zwecke und umfasst:

• Zielfestlegung und Jahresplanung
• Verknüpfung der Planung mit einer globalen Finanzvorschau
• Vergleich von Ist- und Planergebnissen, quartalsweise bzw. meistens monatlich
• Steuerungsmaßnahmen, d. h. Abweichungen von Ist und Plan müssen erklärt und Konsequenzen gezogen werden

Regelkreis-system des Controlling

Controlling strebt durch eine Vernetzung von Information, Planung, Koordination und Kontrolle eine langfristige Gewinnoptimierung an. Es basiert auf einem Regelkreissystem: Durch ein Berichtswesen wird die Geschäftsentwicklung laufend überwacht; Gefahren werden frühzeitig angezeigt, wodurch rechtzeitig Gegenmaßnahmen eingeleitet werden können, um den gewünschten Soll-Zustand zu erreichen. Mithilfe eines effizienten Controllings soll sichergestellt werden, dass die Unternehmensziele erreicht werden. Kennzahlen im Controlling dienen damit als eine Art Frühwarnsystem.

Der Vergleich mit der Branche

Beim zwischenbetrieblichen (externen/außerbetrieblichen) Vergleich misst sich ein Unternehmen mit fremden Betrieben, entweder innerhalb oder außerhalb seiner Branche. Solche Vergleiche sind für das einzelne Unternehmen auch eine Möglichkeit, den Betriebsablauf zu kontrollieren. Durch die Gegenüberstellung von Umsatz-, Leistungs-, Kosten- und Ertragszahlen lassen sich betriebliche Mängel aufdecken und Ansatzpunkte für deren Beseitigung finden.

> **Tipp: Messen Sie sich mit anderen**
>
> Vor allem, wenn es um Marktchancen geht, muss man sich einem Vergleich mit den Konkurrenten stellen. Beim Vergleich sollten Sie alle Unternehmensbereiche einbeziehen. Die zentralen Fragen lauten: „Wo stehen wir, wo die anderen? Wie schneidet unser Unternehmen im Vergleich zum besten Konkurrenten ab? Wie groß ist der Abstand? Wo liegen unsere Chancen?"

Beim externen Vergleich ist aber immer auf die Vergleichbarkeit zu achten, etwa auf die speziellen Gegebenheiten der Branche. Je nachdem, was verglichen wird, können die Messungen aussagekräftiger sein. So kann im Einzelhandel etwa die Höhe des erzielten Absatzes je beschäftigte Person oder der Absatz je Quadratmeter Geschäftsraum verglichen werden.

Vergleichbarkeit

Durch die Verwendung von Gliederungszahlen (Prozentzahlen) werden auch Unternehmen unterschiedlicher Größe vergleichbar. Es lässt sich beispielsweise feststellen, ob im Vergleich zum Konkurrenten die Rentabilität zu niedrig, die Verschuldung zu hoch oder das Warenlager zu groß ist.

Richtzahlen

Kennzahlen aus zwischenbetrieblichen Vergleichen, vor allem der Branchendurchschnitt oder typische Werte der Branche (häufigste Werte), werden als Richtzahlen bezeichnet. Diese meist auch öffentlich zugänglichen Daten informieren über den Zustand der Branche und zeigen, wie sich die Situation eines einzelnen Unternehmens zur Branche verhält. Richtzahlen sind deshalb für die Unternehmensleitung eine wertvolle Orientierungsbasis.

Grenzen des Betriebsvergleichs

Schwierigkeiten können sich einmal aus den individuellen Bedingungen des Unternehmens ergeben (Fertigungsprogramm, Standort, Unternehmensstil und -geschichte), zum zweiten durch ein jeweils unterschiedlich aufgebautes Rechnungswesen und schließlich auch durch unterschiedliche Bilanzpolitik.

Was kann verglichen werden?

Die spezifischen Besonderheiten einer Wirtschaftsbranche zeigen sich beim Werksvergleich, z. B. Vergleich der Kostenarten, -stellen und -träger von Werk A mit Werk B.

Fertigungs-kennzahlen

Der technische Aspekt des industriellen Fertigungsprozesses zeigt sich besonders beim Verfahrensvergleich. Dieser soll Schwächen bei der betrieblichen Produktion, insbesondere bei technischen Prozessen, zeigen. Er soll ermöglichen, die Produktivität im allgemeinen und die Arbeitsproduktivität im speziellen zu erhöhen, Fertigungskennzahlen kommen hier zum Einsatz.

Finanz-kennzahlen

Beim Unternehmensvergleich stehen Finanzkennzahlen im Vordergrund, denn die finanzielle Performance ist weitgehend unabhängig vom Wirtschaftszweig: Vermögensstruktur, Kapitalaufbau, Finanzierung, Ertragslage, Auftragsbestände. Im Anschluss finden Sie ein Muster für einen Betriebsvergleich, der über die finanzielle Performance Aufschluss gibt.

Muster: finanzielle Performance im Unternehmensvergleich

	Eigene Zahlen	**Vergleichszahlen**
Erfolg	(in % vom Umsatz)	(in % vom Umsatz)
• Betriebsergebnis	....	....
• Neutrales Ergebnis	....	....
• Gewinn vor Steuern	....	....
• Gewinn nach Steuern	....	....
Kosten	(in % vom Umsatz)	(in % vom Umsatz)
• Material	....	....
• Personal	....	....
• Zinsen	....	....

	Eigene Zahlen	Vergleichszahlen
Finanzen	(in % vom Umsatz)	(in % vom Umsatz)
• Abschreibungen	....	....
• Investitionen	....	....
• Cashflow	....	....
Kapital	(in % der Bilanzsumme)	(in % der Bilanzsumme)
• Eigenkapital	....	....
• Pensionsrückstellungen	....	....
• Verbindlichkeiten	....	....

Benchmarking – sich vergleichen, um besser zu werden

Eine Wettbewerbsanalyse innerhalb der Branche mit dem stärksten Konkurrenten steht vor dem Problem, dass man nicht an die nötigen Informationen, an das „Geheimrezept", herankommt.

Hier können Vergleiche mit den besten Unternehmen aus völlig anderen Marktsegmenten hilfreich sein. Benchmarking hat zum Ziel, von Spitzenunternehmen zu lernen, indem man sich an ihnen misst, die bestehenden Abstände aufzeigt, ihr Wissen nutzt und die entsprechenden Maßnahmen ergreift, um den Leistungsrückstand aufzuholen. Hier dienen als objektive Messgrößen Kennzahlen, die systematisch und in Abstimmung mit den Zielen des Vergleichsprojektes im eigenen und fremden Unternehmen ermittelt werden. Im Benchmarking geht es um die erhebliche Verbesserung der wirklich erfolgsrelevanten Faktoren. Das bedeutet: Im Anschluss an den Vergleich steht immer auch die Adaption und Übernahme der Praktiken, die sich hinter den ermittelten Werten, also dem Erfolg der anderen, verbergen.

> **Tipp: Wählen Sie den passenden Benchmarking-Partner**
> Orientieren Sie sich im Benchmarking an den Prozessführern. Das sind Spitzenunternehmen, die ihre erfolgskritischen Prozesse oder Schlüsselfunktionen perfektioniert haben. Doch wenn der Rückstand auf die Besten enorm hoch ist, sollten Sie sich besser Benchmarkingpartner suchen, die nur eine oder zwei Klassen besser sind. Schließlich gehört zum Benchmarking auch, dass Sie im Gegenzug Ihrem Partner etwas von Ihrem Know-how anbieten können.

1.6 Kennzahlen als Steuerungsinstrumente

Auswahl von Schlüssel- kennzahlen

Die Auswahl von Schlüsselkennzahlen ist ein erster Schritt, um Kennzahlen auch effektiv für die (globale) Unternehmenssteuerung nutzen zu können. So kann die Unternehmensspitze eines Dienstleistungsunternehmens den Messwerten zur Servicequalität eine besondere Bedeutung beimessen, weil sie diese als strategisch wichtig einstuft. In einem Zuliefererbetrieb kommt es vielleicht mehr auf Zahlen aus dem Logistikbereich an. Im Einzelhandel kann einer Erhöhung der Quote der Wiederholungskäufe angestrebt werden oder auch die Qualität der Verkaufsberatung als Messlatte für den Erfolg angelegt werden etc.

Wo liegen die Schlüsselkennzahlen?

Die Unternehmensspitze sollte sich auf wenige Kennzahlen konzentrieren. Dabei gilt es, die Messgrößen zu erkennen, auf die es in der momentanen Unternehmenssituation am meisten ankommt. Ein Existenzgründer etwa wird zunächst einmal die Kennzahlen ermitteln, die auch die Bank interessiert, also Zahlen, die etwas über seine Finanzierung aussagen. Im laufenden Unternehmen gilt es die Lage des Unternehmens und die strategischen Ziele genau zu kennen. Wohin soll das Unternehmen steuern? Welche Stärken sollen ausgebaut und welche Schwächen müssen behoben werden? Die kritischen Erfolgsfaktoren sind zu bestimmen und die entsprechenden Kennzahlen dazu.

Anzahl der verwendeten Kennzahlen

Probleme ergeben sich, wenn die Führungskräfte eines Unternehmens zu viele Daten und Kennzahlen berücksichtigen müssen.

> **Tipp: Verwenden Sie nicht zu viele Kennzahlen**
> Es empfiehlt sich, bezogen auf das Gesamtunternehmen, die Zahl der Messgrößen unter 20 zu halten. Die Gesamtheit aller in den einzelnen Bereichen eingesetzten Zahlen kann ruhig höher sein.

Hierarchie der Kennzahlen

Achten Sie darauf, dass eine Hierarchie der Kennzahlen eingehalten wird. Das bedeutet, die Vorgaben untergeordneter Kennzahlen ergeben sich aus den übergeordneten Kennzahlen. Die Zahl Ihrer Kennzahlen können Sie auch begrenzen, wenn Sie bestimmte Messgrößen nach dem Erreichen des Zieles nicht mehr weiterführen. Welche einzelnen Kennzahlen Sie aufnehmen oder wieder streichen, sollten Sie immer abhängig machen von den mittel- und langfristigen Zielvorgaben des Unternehmens.

Beispiel:

Ist in einem Unternehmen der Prozentsatz der Reklamationen ungewöhnlich hoch im Vergleich zur Konkurrenz, dann kann die Verminderung für die Unternehmensleitung ein besonderes Anliegen sein. Stellt sich nach einiger Zeit eine deutliche Besserung ein, dann kann diese Kennzahl wieder gestrichen werden. Sind Sie beispielsweise mit Ihrem Sicherheitsstandard nicht zufrieden, dann können Sie diesen zum Unternehmensziel erklären und zu Ihren Kennzahlen nehmen.

Checkliste: Worauf müssen Sie bei Kennzahlen achten?	
Wählen Sie Kennzahlen, die aussagefähig, transparent, verständlich und ausgewogen sind.	
Die Lage eines Unternehmens ist durch quantitative Messungen allein nicht zu erfassen. Sie sollten daher auch qualitative Maßstäbe setzen und durch Messungen überprüfen.	
Neben Messdaten über den finanziellen Erfolg sollten Sie auch solche Größen berücksichtigen, die diesen Erfolg beeinflussen (v. a. „weiche" Daten über Ihre Mitarbeiter und Kunden).	
Fühen Sie regelmäßig Messungen durch! Zumindest die Ertragslage und die finanzielle Stabilität des Unternehmens sollten Sie permanent und in regelmäßigen Abständen überwachen.	
Berücksichtigen Sie sowohl auf die Vergangenheit, die Gegenwart als auch auf die Zukunft gerichtete Kennzahlen.	
Messen und auswerten kostet Zeit! Die Anzahl der Kennzahlen, die für das Gesamtunternehmen gelten, darf ein vernünftiges Maß daher nicht überschreiten.	
Richten Sie sich bei der Auswahl der Kennzahlen nach den kritischen Erfolgsfaktoren des Unternehmens.	
Holen Sie Ihre Mitarbeiter ins Boot! Verdeutlichen Sie den Zweck der Messungen und die Ziele hinter den verwendeten Zahlen.	
Verwenden Sie Kennzahlen nicht nur für den innerbetrieblichen, sondern auch für den zwischenbetrieblichen Vergleich.	

2 Kennzahlen zur Planung und Steuerung der Finanzierung

Jede Kapitalbeschaffung, ob nun für eine Existenzgründung oder ein betriebliches Vorhaben, aber auch die Steuerung der Einnahmen und Ausgaben im Unternehmen erfordert eine durchdachte Finanzierung. Das gilt – ganz unabhängig von der Branche – für jeden Gründer und für jedes Unternehmen, denn letztlich bestimmt die finanzielle Lage, ob ein Betrieb überlebt oder nicht.

Das bietet Ihnen dieses Kapitel

In diesem Kapitel werden Kennzahlen vorgestellt, die Ihnen bei der Planung und Steuerung der Finanzierung helfen. Im Einzelnen erfahren Sie,

- wie Bilanzkennzahlen zur Analyse der Finanzsituation des Unternehmens eingesetzt werden,
- was Sie bei der Liquiditätssicherung beachten müssen,
- welche Finanzierungsformen Ihnen zur Verfügung stehen,
- welche Kennzahlen für das Kreditrating verwendet werden und
- welche Regeln für die Kreditvergabe seit Basel II gelten.

2.1 Der Einsatz von Bilanzkennzahlen im Unternehmen

Jahresabschluss nach HGB und IFRS

Gläubigerschutz Für das HGB ist der Gläubiger die Hauptzielgruppe für den Jahresabschluss. Aus dem Gläubigerschutz ergibt sich das Vorsichtsprinzip, das in deutschen Bilanzen die Bildung von stillen Reserven zulässt und so zu einer restriktiven Gewinnermittlung führt.

Die International Financial Reporting Standards (IFRS) und die US-GAAP orientieren sich stärker an Zeitwerten, weil die derzeitigen und die potenziellen Anteilseigner die wichtigsten Adressaten sind. Der Investor ist besonders am Periodenerfolg und seiner Vergleichbarkeit interessiert.

IFRS-Jahresabschluss

Der Jahresabschluss nach IFRS besteht für alle Rechtsformen sowie Einzel- und Konzernabschlüssen aus:

- Bilanz (balance sheet)
- Gewinn- und Verlustrechnung (income statement)
- Eigenkapitalveränderung (statement of changes in equity)
- Kapitalflussrechnung (cash flow statement)
- Anhang (notes)

Kapitalmarktorientierte Unternehmen müssen noch eine Segmentberichterstattung erstellen und die Kennzahl earnings per share (Erfolg je Aktie) angeben.

Grundsätze zur Finanzierung und zum Kapitalaufbau

Den Kapitalaufbau und die Finanzierung eines Unternehmens können Sie mit Kennzahlen, die aus Bilanzposten gebildet werden, untersuchen. Solche Bilanzkennzahlen geben nicht nur Auskunft über die Struktur von Vermögen und Kapital, sondern zeigen auch, inwieweit Finanzierungsgrundsätze bzw. -regeln eingehalten werden.

> **Finanzierungsgrundsätze**
>
> Finanzierungsgrundsätze sind Leitlinien, die zeigen, ob die finanziellen Mittel eines Unternehmens seinem Geschäftsumfang entsprechen. Sie sind wichtige Instrumente im Rahmen der Kreditwürdigkeitsprüfung der Banken. Investitionsvorhaben müssen unterbleiben, wenn die Finanzierung nicht gesichert ist.

Ein Finanzierungsgrundsatz lautet z. B., langfristig im Unternehmen investiertes Vermögen auch mit langfristigen Mitteln – entweder mit Eigenkapital oder langfristigem Fremdkapital – zu finanzieren. Ist der Anteil des Anlagevermögens am Gesamtvermögen hoch, erfordert dies ebenfalls einen hohen Anteil an langfristigem Kapital. Umgekehrt kann in einer Branche mit hohem Umlaufvermögen auch in größerem Umfang mit kurzfristigem Fremdkapital gearbeitet werden. Damit werden spezifische Aspekte der einzelnen Wirtschaftszweige in diesem Finanzierungsgrundsatz berücksichtigt. Mit den entsprechenden Kennzahlen können Sie überprüfen, inwieweit ein Unternehmen die Finanzierungsgrundsätze einhält.

Die verschiedenen Positionen der Bilanz werden zunächst zu Hauptpositionen zusammengefasst: Sachanlagen, Vorräte, Forderungen und flüssige Mittel auf der Aktivseite, entsprechend auf der Passivseite Eigenkapital, Rückstellungen und Fremdkapital.

Kennzahlen zum Vermögen eines Unternehmens

Mit den Kennzahlen Anlagenintensität, Eigenkapitalquote und Verschuldungsgrad werden Vermögensstruktur und Kapitalaufbau des Unternehmens erkennbar. Auch die Kennzahl Anlagendeckung ist zur Beurteilung der Finanzierung unerlässlich. Aussagen zur Liquidität machen die Liquiditätsgrade.

Bilanzbeispiel   Die Berechnung dieser und weiterer Kennzahlen wird anhand der folgenden Bilanzzahlen dargestellt:

Bilanz (Kurzfassung)

Aktiva		Passiva	
Anlagevermögen	25.791.000	Eigenkapital	26.972.000
		Rückstellungen	14.226.000
Umlaufvermögen	29.381.000	Verbindlichkeiten	13.974.000
	55.172.000		55.172.000

Vermögenslage   Die Vermögenslage eines Unternehmens zeigt die Aktivseite der Bilanz mit ihrer Trennung in Anlage- und Umlaufvermögen. Folgende Kennzahlen können Sie einsetzen, wenn Sie den Vermögensaufbau eines Unternehmens beurteilen möchten.

Anlagen- und Umlaufintensität: Wo liegen die Schwerpunkte?

Anlagen-intensität   Die Anlagenintensität ist das Verhältnis von Anlagevermögen zum gesamten Vermögen, also Anlagevermögen in Prozent der Bilanzsumme. Die Sachanlagenintensität misst die Sachanlagen (Gebäude, Betriebs- und Geschäftsausstattung, Maschinen) in Prozent der

Bilanzsumme und wird v. a. bei Produktionsbetrieben eingesetzt. Beträgt der Wert 50 % oder mehr, gilt das Unternehmen als anlagenintensiv.

$$\text{Anlagenintensität} = \frac{\text{Anlagevermögen} \times 100}{\text{Gesamtvermögen (= Bilanzsumme)}}$$

Im Bilanzbeispiel beträgt das Anlagevermögen 25.791.000 € und das Gesamtvermögen 55.172.000 €. Anhand dieser Daten ergibt sich die Anlagenintensität 46,7 % wie folgt:

$$\text{Anlagenintensität} = \frac{25.791.000 \times 100}{55.172.000}$$

Die Anlagenintensität ist vom jeweiligen Wirtschaftszweig und von individuellen Faktoren abhängig. Chemische Industrie und Fahrzeugbau gelten beispielsweise als anlagenintensiv. Eine hohe Anlagenintensität erfordert einen hohen Anteil an langfristigem Kapital, Eigenkapital und langfristiges Fremdkapital. Je höher das Anlagevermögen im Verhältnis zum Umlaufvermögen ist, desto höher ist die Belastung mit fixen Kosten, insbesondere Abschreibungen und Zinsen.

Achtung:
Mit zunehmender Anlagenintensität steigt auch das finanzielle Risiko, und die finanzielle Flexibilität des Unternehmens nimmt ab.

Anlagevermögen nach IFRS

In folgende vier Bereiche wird das Anlagevermögen gegliedert:

- Immaterielle Vermögenswerte (intangible assets)
- Sachanlagen (property, plant, equipment)
- Nicht betrieblich genutzte Grundstücke (investment properties)
- Finanzanlagen (financial assets)

Die Vermögenskonstitution (Vermögensaufbau) ist das Verhältnis zwischen Anlagevermögen und Umlaufvermögen. Ein Vergleich dieser Kennzahl über mehrere Perioden ist hier sinnvoll.

Vermögens-konstitution

$$\text{Vermögenskonstitution} = \frac{\text{Anlagevermögen} \times 100}{\text{Umlaufvermögen}}$$

Setzt man das Anlagevermögen im Beispielfall ins Verhältnis zum Umlaufvermögen, ergibt sich folgende Berechnung:

$$\text{Vermögenskonstitution} = \frac{25.791.000 \times 100}{29.381.000} = 87,8\ \%$$

Umlauf-intensität

Die Kennzahl Umlaufintensität ergibt sich, wenn das Umlaufvermögen (flüssige Mittel, Forderungen, Vorräte) in Beziehung zum Gesamtvermögen gesetzt wird. Ein Unternehmen mit einer hohen Umlaufintensität kann sich in stärkerem Umfang mit kurzfristigem Fremdkapital finanzieren, da das Umlaufvermögen eine kürzere Verweildauer im Unternehmen aufweist als das Anlagevermögen.

$$\text{Umlaufintensität} = \frac{\text{Umlaufvermögen} \times 100}{\text{Gesamtvermögen}}$$

Mit den Zahlen aus dem Bilanzbeispiel ergibt sich folgende Umaufintensität:

$$\text{Umlaufintensität} = \frac{29.381.000 \times 100}{55.172.000} = 53,3\ \%$$

Vorrats- und Forderungsintensität

Vorrats-intensität

Anhand der Zusammensetzung von Vorrats- und Gesamtvermögen, der Kennziffer Vorratsintensität, können Sie feststellen, ob die Branche des Unternehmens eher vorrats- oder forderungsintensiv ist. Materialintensive Betriebe haben in der Regel einen hohen Lagerbestand und sind daher vorratsintensiv. Lagerhaltungskosten spielen hier eine wichtige Rolle, so auch im Einzelhandel, wo ein hoher Anteil der Bilanzsumme auf das Warensortiment und das Warenlager (Vorräte) entfällt.

$$\text{Vorratsintensität} = \frac{\text{Vorräte} \times 100}{\text{Gesamtvermögen}}$$

Forderungs-intensität

Die Kennzahl Forderungsintensität ist die Relation von Forderungen zu Gesamtvermögen. Sie ist hoch, wenn ein großer Teil des gesamten Vermögens in den Forderungen gebunden ist.

$$\text{Forderungsintensität} = \frac{\text{Kundenforderungen} \times 100}{\text{Gesamtvermögen}}$$

IFRS-Gliederung des Umlaufvermögens

Im IFRS ist die Gliederung in Anlagevermögen (non-current assets) und Umlaufvermögen (current assets) nicht zwingend vorgeschrieben. IFRS empfiehlt die Gliederung des Umlaufvermögens wie folgt:

- Vorräte (inventories)
- Forderungen (trade and other receivables)
- Anzahlungen (prepayments)
- flüssige Mittel (cash and cash equivalents)

Bewertung von Kapitalstruktur und Risiko

Eine Untersuchung der Passivseite zeigt den Kapitalaufbau, die Gliederung des Kapitals in Eigenkapital, Rückstellungen und Fremdkapital. Zum Eigenkapital gehören Grundkapital (Stammkapital), Rücklagen und Gewinn (Gewinnvortrag). Ein an die Aktionäre auszuschüttender Gewinn ist dagegen dem Fremdkapital zuzuordnen. Beim Fremdkapital ist die Gliederung in langfristiges und kurzfristiges Kapitel wichtig. Kapitalaufbau

IFRS-Ausweis des Eigenkapitals

- gezeichnetes Kapital (issued capital)
- Kapitalrücklagen (reserves)
- Gewinn- oder Verlustvorträge (accumulated profits/losses)

Eigenkapitalquote und Anspannungsgrad

Die Eigenkapitalquote besagt, wie hoch der Prozentsatz der eigenen Mittel an der Finanzierung ist. Eigenkapital-
quote

$$\text{Eigenkapitalquote} = \frac{\text{Eigenkapital} \times 100}{\text{Gesamtkapital (= Bilanzsumme)}}$$

Im Bilanzbeispiel beträgt das Eigenkapital 26.972.000 € und das Gesamtkapital 55.172.000 €. Daraus ergibt sich folgende Eigenkapitalquote:

$$\text{Eigenkapitalquote} = \frac{26.972.000 \times 100}{55.172.000} = 48,9\ \%$$

> **Tipp:**
>
> Sorgen Sie für eine hohe Eigenkapitalquote: Je höher die Eigenkapital-quote, desto unabhängiger und krisenfester ist ein Unternehmen.

Anspannungs-grad

Beim Anspannungsgrad wird das Fremdkapital in Relation zur Bi-lanzsumme gesetzt. Entscheidend ist, dass das Risiko zunimmt, wenn der Anteil des Fremdkapitals am Gesamtkapital größer wird.

$$\text{Anspannungsgrad} = \frac{\text{Fremdkapital} \times 100}{\text{Gesamtkapital}}$$

Im Beispiel erhalten Sie das Fremdkapital, wenn Sie die Verbind-lichkeiten von 13.974.000 € und die Rückstellungen von 14.226.000 € addieren:

$$\text{Anspannungsgrad} = \frac{28.200.000 \times 100}{55.172.000} = 51,1\ \%$$

Fristigkeit des Fremdkapitals und Verschuldungsgrad

Finanzierungs-risiko

Die Fristigkeit des Fremdkapitals hat für die Finanzierung große Bedeutung, weil das Anlagevermögen nur mit langfristigen Mitteln finanziert werden sollte. Daher sind die Anteile von langfristigem und kurzfristigem Kapital am Gesamtkapital zu ermitteln. Darlehen mit einer Laufzeit von über vier Jahren zählen wie Anleihen und Pensionsrückstellungen zum langfristigen Fremdkapital.

$$\text{Langfristiges Fremdkapital in \%} = \frac{\text{Langfristiges Fremdkapital} \times 100}{\text{Gesamtkapital}}$$

Kurzfristiges Fremdkapital

Das kurzfristige Fremdkapital ist innerhalb eines Jahres fällig. Dazu zählen Wechselverbindlichkeiten, Verbindlichkeiten aus Warenliefe-rungen, Kontokorrentkredite, sonstige Verbindlichkeiten, Rück-stellungen und Rechnungsabgrenzungsposten. Auch Rückstellungen für schwebende Verbindlichkeiten, die dem Grunde, aber nicht der Höhe nach feststehen, sind hier zu erfassen, z. B. Rückstellungen für Steuern. Pensionsrückstellungen nehmen eine Sonderstellung ein, da sie meist erst in vielen Jahren fällig werden.

Folgende Kennzahl beurteilt das Finanzierungsrisiko:

$$\text{Kurzfristiges Fremdkapital in \%} = \frac{\text{Kurzfristiges Fremdkapital} \times 100}{\text{Gesamtkapital}}$$

Der Anteil des langfristigen am gesamten Fremdkapital ist ebenfalls von Interesse.

Langfristiges Fremdkapital

$$\text{Langfristiges Fremdkapital in \%} = \frac{\text{Langfristiges Fremdkapital} \times 100}{\text{Gesamtes Fremdkapitall}}$$

Ein hoher Anteil an langfristigem Fremdkapital bedeutet mehr Sicherheit. Je mehr sich ein Unternehmen durch langfristiges Kapital finanziert, desto sicherer kann es seine Zahlungsverpflichtungen erfüllen. Die Umwandlung von kurzfristigen Bankverbindlichkeiten in längerfristige bedeutet daher für Ihre Finanzierung einen Erfolg. Ähnlich ist die Ablösung von Lieferantenschulden durch mittel- und langfristige Bankkredite zu beurteilen.

Der Verschuldungsgrad oder Verschuldungskoeffizient ist eine Gegenüberstellung von Fremdkapital zu Eigenkapital. Ein Verschuldungskoeffizient von kleiner als 1 besagt, dass das Fremdkapital niedriger als das Eigenkapital ist.

Verschuldungsgrad

Achtung:
Je höher der Verschuldungsgrad, desto geringer ist die finanzielle Unabhängigkeit, was auch mehr Machteinfluss durch Dritte bedeutet.

Im Beispiel erhalten Sie den Verschuldungsgrad, wenn Sie das Fremdkapital von 28.200.000 € ins Verhältnis zum Eigenkapital von 26.972.000 € setzen:

$$\text{Verschuldungsgrad} = \frac{28.200.000}{26.972.000} = 1,05$$

> **Die klassische Finanzierungsregel**
>
> Der Verschuldungsgrad ist die umgekehrte Relation der so genannten klassischen Finanzierungsregel. Diese setzt eine Relation von „Eigenkapital zu Fremdkapital" von mindestens 1:1 voraus, d. h. die Schulden dürfen nicht größer sein als das Eigenkapital. Im Kreditgeschäft der Banken sind aber Relationen von 1:3 keine Seltenheit. Bedenken Sie in jedem Fall, dass mit einer steigenden Relation, also Zahlen, die über 1 liegen, das allgemeine Risiko größer wird. Das Eigenkapital, die haftenden Mittel, sind dann zu gering, wenn Verluste eintreten.

Die Relation von Eigenkapital zu Fremdkapital reicht aber zur definitiven Beurteilung der finanziellen Situation eines Unternehmens nicht aus, weil noch andere Faktoren zu berücksichtigen sind, z. B. stille Reserven, Fristigkeit des Fremdkapitals, Verhältnis zur Hausbank (Kreditspielraum) sowie zu den Lieferanten. Auch die allgemeine Vermögenslage und Risikobereitschaft der Eigentümer spielt eine Rolle.

Kennzahlen zur Anlagendeckung

Deckungsgrade

Wichtige Maßstäbe, wie solide ein Unternehmen finanziert ist, sind die Kennzahlen zur Anlagendeckung, auch Deckungsgrade genannt. Dazu werden Posten aus der Aktivseite der Bilanz in Beziehung zu Posten der Passivseite gesetzt. Die Anlagendeckung I (Deckungsgrad A) ist das Verhältnis von Eigenkapital zu Anlagevermögen.

$$\text{Anlagendeckung I} = \frac{\text{Eigenkapital} \times 100}{\text{Anlagevermögen}}$$

Die Anlagendeckung I erhalten Sie im Beispiel, wenn Sie das Anlagevermögen von 25.791.000 € in Beziehung zum Eigenkapital setzen.

$$\text{Anlagendeckung I} = \frac{26.972.000 \times 100}{25.791.000} = 104,6\ \%$$

Die Anlagendeckung II (oder Deckungsgrad B) ist eine Gegenüberstellung von Anlagevermögen und langfristigem Kapital.

$$\text{Anlagendeckung II} = \frac{(\text{Eigenkapital} + \text{langfristiges Fremdkapital}) \times 100}{\text{Anlagevermögen}}$$

Die goldene Bilanzregel

Nach der „goldenen Bilanzregel" ist das gesamte Anlagevermögen durch Eigenkapital bzw. langfristiges Fremdkapital zu finanzieren. Der Wert der Anlagendeckung II sollte daher mindestens 100 % betragen.

Nicht nur das Anlagevermögen sollte jedoch mit langfristigen Mitteln finanziert werden, sondern auch der Teil des Umlaufvermögens, der entweder zur Aufrechterhaltung der Fertigung notwendig ist oder kurzfristig nicht verflüssigt werden kann: der so genannte eiserne Bestand (= Mindestbestand) an Roh-, Hilfs- und Betriebsstoffen und der Mindestbestand an Vorräten. Die Anlagendeckung III oder der Deckungsgrad C bezieht dieses langfristig gebundene Umlaufvermögen in die Analyse ein.

Anlagendeckung des Umlaufvermögens

$$\text{Anlagendeckung III} = \frac{(\text{Eigenkapital} + \text{langfristiges Fremdkapital}) \times 100}{\text{Anlagevermögen} + \text{langfrist. Umlaufvermögen}}$$

Die goldene Finanzierungsregel

Die goldene Finanzierungsregel, die mit der goldenen Bilanzregel verwandt ist, verlangt Fristenkongruenz. Das bedeutet, die Fristen der Kapitalverwendung (= Investierung) sollen mit den Fristen der Kapitalbeschaffung (= Finanzierung) übereinstimmen. Sowohl das Anlagevermögen als auch das dauernd gebundene Umlaufvermögen (eiserner Bestand) sind daher durch Eigenkapital und/oder langfristiges Fremdkapital zu finanzieren.

Die Kennzahlen „Fonds de roulement" und „Working Capital"

Der Fonds de roulement entspricht dem langfristigen Kapital, das nicht durch das Anlagevermögen absorbiert wird. Er wird in der französischen Wirtschaftspraxis stark beachtet und auch im Tableau de bord regelmäßig kontrolliert.

Der Fonds de roulement setzt sich wie folgt zusammen:

Eigenkapital	.... €
+ langfristiges Fremdkapital	.... €
= langfristige Mittel	.... €
– Anlagevermögen	.... €
= Fonds de roulement	.... €

Bei einem positiven Fonds de roulement gilt das finanzielle Gleichgewicht als gesichert.

Dem Fonds de roulement entspricht die Kennzahl Working Capital, die in den USA zur Analyse der Liquiditäts- und Finanzlage herangezogen wird. Dabei handelt es sich um den Saldo zwischen dem Umlaufvermögen und den kurzfristigen Verbindlichkeiten eines Unternehmens (siehe auch Seite 41).

2.2 Liquiditätssicherung mithilfe von Kennzahlen

Finanzplanung

Die Liquiditätssicherung ist ein wichtiges Ziel der Finanzplanung. Planung, Steuerung und Kontrolle der Einnahmen und Ausgaben erfolgt durch das Finanzwesen. Alle Entscheidungen über die Kapitalbeschaffung, Investitionen und den Zahlungs- und Kreditverkehr haben darauf Auswirkungen. Die Finanzplanung ermittelt den künftigen Finanzbedarf und zeigt Finanzierungsalternativen auf.

Die ständige Zahlungsbereitschaft erfordert es, einen Finanzplan zu erstellen, der eng mit der Absatz-, Fertigungs- und Investitionsplanung abgestimmt sein sollte. Der Finanzdisponent muss die Liquiditätsentwicklung in den kommenden Wochen beurteilen, d. h. alle zu erwartenden Einnahmen den bevorstehenden Ausgaben gegenüberstellen. Zahlungseingänge und liquide Mittel müssen ausreichen, um die laufenden Verpflichtungen zu erfüllen. Die ständige Zahlungsbereitschaft zu möglichst geringen Kosten einzuhalten, gehört zu den wichtigsten Aufgaben des Finanzmanagements.

Finanzplan: Einnahmen und Ausgaben	
Mittelzufluss (= Einnahmen)	Mittelabfluss (= Ausgaben)
• Barverkäufe	• Bareinkäufe
• Forderungseingänge	• Löhne und Gehälter
• Mieteinnahmen	• Mieten, Steuern und Zinsen
• Zinseinnahmen	• weitere Verbindlichkeiten
• Kapitaleinzahlungen	• Tilgung von Krediten
• Verkauf von Anlagegütern	• Kauf von Anlagegütern
• Vermögensumschichtungen	• Gewinnausschüttungen

Liquidität

Liquidität („liquide", lateinisch „flüssig") bezeichnet die Fähigkeit, zu einem bestimmten Zeitpunkt allen Zahlungsverpflichtungen und -notwendigkeiten fristgerecht und in voller Höhe nachkommen zu können.

Jedes Unternehmen muss für eine ausreichende Liquidität sorgen, um immer zahlungsbereit zu sein. Das bedeutet, Einzahlungen und Auszahlungen so aufeinander abzustimmen, dass die flüssigen Mittel ausreichen, um die fälligen Verbindlichkeiten zu tilgen und betriebsnotwendige Güter und Dienstleistungen fristgerecht bezahlen zu können. Liquiditätssicherung bedeutet insbesondere, die nahen Fälligkeiten einhalten zu können.

Die Liquiditätssicherung hat große Bedeutung, weil Zahlungsstockungen nicht nur kostspielige Umfinanzierungen erfordern, sondern auch das Vertrauen der Lieferanten und Kreditgeber in das Unternehmen erheblich herabsetzen können – von den Auswirkungen auf das Image des Unternehmens ganz zu schweigen. Ist die Zahlungsbereitschaft über einen längeren Zeitraum nicht gewährleistet, ist sogar die Existenz des Unternehmens bedroht: Zahlungsunfähigkeit wird in der letzten Konsequenz von der Rechtsordnung mit der Eröffnung des Insolvenzverfahrens geahndet.

Zahlungsstockungen

Tipp: Achten Sie auf Ihre Liquidität

Eine Unterliquidität, d. h. eine nicht genügende Versorgung mit liquiden Mitteln, sollten Sie unbedingt verhindern. Unterliquidität kann zur Illiquidität führen, sei es als vorübergehende Zahlungsstockung oder als Überschuldung. Auch eine Überliquidität sollten Sie vermeiden, denn sie bedeutet im Prinzip Zinsverluste.

Liquidität und Rentabilität

Die Unternehmensziele Liquidität und Rentabilität sind in der Finanzdisposition gegeneinander abzuwägen. Das Sicherheitsstreben verlangt eine möglichst hohe Liquidität, also hohe Bestände auf den laufenden Konten. Aus Rentabilitätserwägungen wäre aber lediglich eine Mindestreserve zu unterhalten, da auf laufenden Konten nur geringe Zinserträge erwirtschaftet werden. Festgeldkonten wiederum bieten zwar wesentlich höhere Erträge, aber die Beträge sind erst nach bestimmten Fristen verfügbar, z. B. zum Monatsende.

Achtung:
Die Liquiditäts- und Finanzplanung muss einen Kompromiss zwischen den Zielen Liquidität und Rentabilität finden. Die Zahlungsbereitschaft des Unternehmens muss ständig gesichert sein.

Wie schnell lässt sich das Vermögen in liquide Mittel umwandeln?

Liquiditäts-
qualität

Zwischen den verschiedenen Vermögenspositionen in der Bilanz bestehen Unterschiede, wie schnell sie verflüssigt werden können. Daraus ergibt sich eine unterschiedliche Liquiditätsqualität der Vermögensgegenstände.
1. Die Liquidität im engsten Sinne ist die Barliquidität, man spricht auch von den liquiden Mitteln erster Ordnung. Zu den liquiden Vermögenswerten, die in der Finanzdisposition unmittelbar verfügbar sind, zählen Kassenbestand, Postscheckguthaben, Giroeinlagen bei Banken, Schecks und diskontfähige Kundenwechsel.
2. Zu den liquiden Mitteln zweiter Ordnung (einzugsbedingte Liquidität) gehören Vermögenswerte, die zwar ebenfalls gut verflüssigt werden können, aber bis zur Veräußerung kann doch eine gewisse Zeit verstreichen. Kurzfristige Forderungen aus Warenlieferungen und Leistungen, Aktien und Obligationen sowie gegebenenfalls leicht verkäufliche Warenvorräte sind hier zu berücksichtigen. Die Warenforderungen können Sie nach Fristigkeit und Bonität gliedern.

3. Die liquiden Mittel dritter Ordnung (umsatzbedingte Liquidität) beinhalten die gesamten Roh-, Hilfs- und Betriebsstoffe sowie fertige und unfertige Erzeugnisse. Der Fertigwarenbestand dürfte normalerweise erst innerhalb von einigen Wochen oder Monaten zu verflüssigen sein. Der eiserne Bestand an Materialien darf ebenso wie das zur Aufrechterhaltung der Fertigung notwendige Anlagevermögen nicht berücksichtigt werden. Diese letzte Gruppe kann nämlich erst bei der Betriebsaufgabe verflüssigt werden.

Die folgende Tabelle gibt Ihnen eine Übersicht über die Liquiditätsqualität der einzelnen Vermögensgegenstände:

Liquide Mittel erster Ordnung	Liquide Mittel zweiter Ordnung	Liquide Mittel dritter Ordnung
• Kasse • Postscheckguthaben • Sicht- und Termineinlagen bei Banken • Schecks • diskontfähige Wechsel	• kurzfristige Forderungen aus Warenlieferungen • Aktien • Anleihen	• Roh-, Hilfs- und Betriebsstoffe • unfertige Erzeugnisse • fertige Erzeugnisse

Tipp:

Ein nicht ausgenutzter Kontokorrentkredit ist eine Liquiditätsreserve für Zahlungsspitzen.

Einer zeitweiligen Zahlungsunfähigkeit müssen Sie schon frühzeitig durch gezielte Maßnahmen begegnen. In der folgenden Checkliste finden Sie einige Maßnahmen, die Sie sofort einleiten können.

So verhindern Sie eine zeitweilige Zahlungsunfähigkeit

- Stundung von Lieferantenschulden
- Wechsel ausstellen
- Wechselprolongation
- Kreditlinie erhöhen
- Vermögensumschichtungen
- Kapitaleinlagen erhöhen
- neue Gesellschafter aufnehmen

Finanzieller
Engpass

Das Management kann bei einem finanziellen Engpass gezwungen sein, Maßnahmen zu treffen, die mit dem Ziel der Gewinnmaximierung nicht vereinbar sind, denn Rentabilitätsargumente und Kostenüberlegungen verlieren mit zunehmender Verschlechterung der finanziellen Lage an Bedeutung. In Ausnahmesituationen werden auch Verluste in Kauf genommen, z. B. ein Verkauf der Fertigwarenbestände unter den Selbstkosten, Aufnahme von Krediten zu ungünstigen Zinssätzen etc.

Beurteilung der finanziellen Lage des Unternehmens anhand von Liquiditätsgraden

Die absolute Höhe der liquiden Mittel, ausgedrückt in Euro, sagt allein noch nicht viel über die Liquidität aus. Ein Unternehmen kann durchaus über geringe liquide Mittel verfügen und dennoch liquide sein, dann nämlich, wenn seine kurzfristigen Verbindlichkeiten noch kleiner sind. Das heißt, die optimale Liquidität ist abhängig von der Höhe der kurzfristigen Verbindlichkeiten.

Achtung:
Die Liquidität wird durch das Verhältnis der liquiden Mittel zu den kurzfristigen Verbindlichkeiten bestimmt.

Liquiditätswert

So wie die einzelnen Aktiva der Bilanz einen unterschiedlichen „Liquiditätswert" (1., 2. und 3. Ordnung) haben, ist auch die Dringlichkeit bei den Passiva unterschiedlich hoch: von Tagesgeld, das dem Unternehmen nur einen Tag bis wenige Wochen zu Verfügung steht, bis zu den langfristigen Verbindlichkeiten (z. B. langfristige Kredite), mit denen das Unternehmen meist viele Jahre arbeiten kann.

Liquiditäts-
grade

Mit Kennzahlen, den so genannten Liquiditätsgraden, können Sie auch im Rahmen einer externen Bilanzanalyse die Liquiditätslage eines Unternehmens abschätzen. Hier wird geprüft, inwieweit die kurzfristigen Verbindlichkeiten durch liquide Mittel verschiedener Ordnung gedeckt sind. Dabei werden drei Liquiditätsgrade unterschieden:

* Liquidität 1. Grades oder Bar- bzw. Kassenliquidität
* Liquidität 2. Grades oder einzugsbedingte Liquidität
* Liquidität 3. Grades oder Liquidität des Umlaufvermögens

Achtung:
Sind die kurzfristigen Verbindlichkeiten größer als die jeweiligen Vermögenspositionen, liegt der Grad der Deckung unter 100 %.

Liquidität 1. Grades

Die Liquidität 1. Grades stellt die flüssigen Mittel in Beziehung zu den kurzfristigen Verbindlichkeiten. Kasse, Sicht- und Termineinlagen bei Banken sowie diskontfähige Wechsel werden dabei allen kurzfristigen Verbindlichkeiten gegenübergestellt. In der Bilanzanalyse wird die Liquidität 1. Grades aus den Bilanzpositionen „flüssige Mittel" und „kurzfristige Verbindlichkeiten" errechnet. Die Summe der kurzfristigen Verbindlichkeiten kann vereinfacht aus den beiden Bilanzpositionen „Verbindlichkeiten" und „sonstige Rückstellungen" ermittelt werden.

$$\text{Liquidität 1. Grades} = \frac{\text{flüssige Mittel} \times 100}{\text{kurzfristige Verbindlichkeiten}}$$

Ziel: Die Liquidität 1. Grades sollte 20 % nicht unterschreiten.

Liquidität 2. Grades

Die Liquidität 2. Grades setzt das kurzfristige Umlaufvermögen zu den kurzfristigen Verbindlichkeiten ins Verhältnis. Das kurzfristige Umlaufvermögen umfasst flüssige Mittel und kurzfristige Forderungen.

$$\text{Liquidität 2. Grades} = \frac{\text{kurzfristiges Umlaufvermögen} \times 100}{\text{kurzfristige Verbindlichkeiten}}$$

Ziel: Die Kennzahl sollte bei 100 % oder darüber liegen, 50 % sollten auf keinen Fall unterschritten werden.

Liquidität 3. Grades

Die Liquidität 3. Grades stellt den kurzfristigen Verbindlichkeiten das gesamte Umlaufvermögen gegenüber. Diese umsatzbedingte Liquidität wird auch als langfristige Zahlungsfähigkeit bezeichnet und entspricht dem Working Capital.

$$\text{Liquidität 3. Grades} = \frac{\text{gesamtes Umlaufvermögen} \times 100}{\text{kurzfristige Verbindlichkeiten}}$$

Ziel: Diese Kennzahl sollte ein Verhältnis von 2:1 bzw. 200 % erreichen, das Verhältnis 1:1 ist auf jeden Fall zu knapp.

Liquiditätsgrade sind keine zukunftsgerichteten Kennzahlen

Die Liquiditätskennzahlen, die aus der Bilanz abgeleitet sind, informieren Sie über die Liquiditätsverhältnisse am Bilanzstichtag. Sie sind damit auf einen bestimmten Zeitpunkt bezogen und geben keine Auskunft über die künftige Liquiditätsentwicklung des Unternehmens. Daher sollten Sie diese Kennzahlen mit Vorsicht interpretieren und nicht zur Grundlage zukünftiger Planungen machen! Wie zahlungskräftig ein Unternehmen in Zukunft sein wird, hängt vor allem von der Qualität der zu erwartenden Einnahmen gegenüber den zu erwartenden Ausgaben ab.

2.3   Die wichtigsten Finanzierungsformen

Finanzierung durch Eigen- oder Fremdkapital?

Finanzierungs-
risiko

Finanzierungsentscheidungen beginnen mit der Abschätzung des wahrscheinlichen Kapitalbedarfs und der Entwicklung von Finanzierungsalternativen. Dazu müssen Sie das optimale Verhältnis zwischen Eigen- und Fremdkapital ermitteln.

Eigen-
finanzierung

Bei der Eigenfinanzierung werden die finanziellen Mittel durch die Eigentümer zur Verfügung gestellt oder durch das Unternehmen selbst erwirtschaftet. Im ersten Fall können Anteilseigner ihre Kapitaleinlage erhöhen oder auch neue Gesellschafter hinzukommen (Beteiligungsfinanzierung). Dieses Eigenkapital steht in der Regel unbefristet und ohne Auflagen zur Verfügung.

Bei Aktiengesellschaften wird das Grundkapital durch die Ausgabe neuer Aktien erhöht, die den Altaktionären zu einem Vorzugspreis angeboten werden. In der Bilanz stehen die Kapitalerhöhung auf der Passivseite und die zusätzlichen finanziellen Mittel auf der Aktivseite einander gegenüber. Dem Unternehmen stehen so neue finanzielle Mittel für Investitionsvorhaben zur Verfügung.

Fremd-
finanzierung

Fremdfinanzierung ist die Beschaffung von Kapital über Dritte. Sie kann über Banken, Lieferanten und sonstige Gläubiger erfolgen. Je

nach Rückzahlungstermin kann das Fremdkapital kurz-, mittel-
oder langfristig zur Verfügung stehen. Mit langfristigem Fremdka-
pital (Darlehen, Anleihen) kann das Unternehmen meistens viele
Jahre arbeiten; es kann wie das Eigenkapital zur Finanzierung des
Anlagevermögens herangezogen werden.
Anders ist die Situation beim kurzfristigen Fremdkapital, das meist
in einem Zeitraum von bis zu einem Jahr fällig ist. Die kurzfristige
Fremdfinanzierung kann über Bankkredite oder Lieferantenkredite
(Nicht-Inanspruchnahme des Skontos) erfolgen; der Skontoabzugs-
verlust bei der Inanspruchnahme des Lieferantenkredits ist in der
Regel allerdings teurer als ein entsprechender Bankkredit.

Welche Kennzahlen helfen Ihnen bei der Fremdfinanzierung?

Zunächst einmal ist immer auf ein ausgewogenes Verhältnis zwischen Eigen- und Fremdkapital zu achten – hierbei helfen Ihnen die
Kennzahlen „Anspannungsgrad" und „Eigenkapitalquote". Dann ist
der Einsatz des Fremdkapitals mit seiner Verfügbarkeit abzustimmen: Kurzfristiges Fremdkapital etwa sollten Sie nur zur Finanzierung des Umlaufvermögens einsetzen. Hierbei helfen Ihnen die
Kennzahlen zur Fristigkeit des Fremdkapitals.

Außen- oder Innenfinanzierung?

Bei der Außenfinanzierung erfolgt die Beschaffung des Kapitals von _Außen-_
außerhalb des Unternehmens. Sie führt zu einem Vermögens- _finanzierung_
zufluss, begründet aber auch unmittelbare Rechtsansprüche der
Kapitalgeber. Außenfinanzierung kann sowohl Eigenfinanzierung
(über Einlagen oder Beteiligungen) als auch Fremdfinanzierung
(über Kreditgeber) sein.
Innenfinanzierung nennt man die Finanzierungsformen, bei denen _Innen-_
das Unternehmen die benötigten Mittel aus eigener Kraft, also _finanzierung_
durch seine Betriebstätigkeit, aufbringt. Erzielt das Unternehmen
Überschüsse, sind also die Erlöse höher als die Kosten, kann es Kapital aus diesem Gewinn bilden; man spricht dann von Selbstfinanzierung. Die offene Selbstfinanzierung führt zu einem Zuwachs des
Eigenkapitals (bzw. der Rücklagen bei der AG und GmbH). Ver-
deckte Selbstfinanzierung liegt vor, wenn Vermögenswerte unterbe-
wertet und Schulden überbewertet werden.

Finanzierung aus Abschreibungen

Eine weitere Form der Innenfinanzierung ist die Finanzierung aus Abschreibungen. Hier fließen die Gegenwerte aus den Abschreibungen über die Erlöse wieder ins Unternehmen zurück und stehen für Ersatzinvestitionen zur Verfügung. Die Finanzierung aus Rückstellungen ist nur möglich, wenn zuvor Rückstellungen für „ungewisse Verbindlichkeiten" gebildet wurden. Zwischen ihrer Bildung und Auflösung stehen sie dem Unternehmen als Fremdkapital zur Verfügung. Sonderformen der Innenfinanzierung sind Vermögens- und Kapitalumschichtungen (Eigenfinanzierung).

Daneben können Sie aber auch noch auf andere Möglichkeiten der Kapitalbeschaffung zurückgreifen:

- Leasing: Finanzierung durch das Mieten von Objekten
- Factoring: Finanzierung über den Verkauf von Forderungen
- Forfaitierung: Verkauf von langfristigen Forderungen im Auslandsgeschäft

In der folgenden Übersicht sind die verschiedenen Möglichkeiten der Finanzierung noch einmal zusammengefasst:

Übersicht: Die verschiedenen Möglichkeiten der Finanzierung

	Außenfinanzierung		Innenfinanzierung		
Möglichkeiten	Kredite	Einlagen und Beteiligungen	Gewinne	Abschreibung	Rückstellungen
Quelle	Gläubiger	Eigentümer	Unternehmen	Unternehmen	Unternehmen
Bezeichnung	Kreditfinanzierung	Einlagen- oder Beteiligungsfinanzierung	Selbstfinanzierung	Freisetzungsfinanzierung	
Form	Fremdfinanzierung	Eigenfinanzierung	Eigenfinanzierung	Eigenfinanzierung	Fremdfinanzierung

Vorteile der Fremdfinanzierung

Leverage-Effekt

Die Fremdfinanzierung bietet gegenüber der Eigenfinanzierung einige Vorteile: Mit ihr lassen sich Liquiditätsengpässe beheben; der Kapitalgeber muss nicht am Gewinn beteiligt werden. Bei guter

Ertragslage profitieren auch die Eigentümer: Die Rendite des eingebrachten Kapitals erhöht sich (so genannter Leverage-Effekt).

Wann ist die Finanzierungsvariante Leasing sinnvoll?

Bei manchen Investitionsvorhaben bietet sich Leasing an. Hier muss
der Betrag für das Objekt nicht auf einmal aufgebracht werden, da
sich die Leasingzahlungen über die gesamte Mietzeit verteilen und
so aus den erwirtschafteten Erträgen des Investitionsobjektes getätigt
werden können. Die Zahlungen lassen sich als Betriebsausgaben
verrechnen. Diese Finanzierungsalternative zum Darlehen erspart
auch einen Gang zur Bank, da die eingeräumte Kreditlinie nicht
erhöht werden muss. Allerdings kann auch der Leasingpartner seinen Kunden einer Bonitätsprüfung unterziehen.

Besonderheiten des Leasings

Vorteile des Leasings

Leasing bietet den großen Vorteil, die Liquidität und die Bilanz-
struktur des Leasingnehmers nicht zu belasten. Die jährliche Finan-
zierungsbelastung kann aus dem Ertrag finanziert werden. Leasing
hilft daher ertragsstarken Unternehmen (hoher Cashflow) mit
schwacher Eigenkapitalbasis, ihre Unternehmensexpansion fortzu-
setzen.

Fremdfinanzierung über Banken

Da Fremdfinanzierung hauptsächlich über Kreditaufnahme erfolgt,
spricht man auch von Kreditfinanzierung. Banken geben in der
Regel keinen Kredit ohne Sicherheit; nur beim so genannten Perso-
nalkredit liegt diese allein in der Person des Kreditnehmers. Bei
höheren Beträgen und einer langfristigen Finanzierung verlangen
die Kreditinstitute in der Regel eine dingliche Absicherung, also eine
zusätzliche Sicherheit aus dem Vermögen des Schuldners, etwa in
Form einer Hypothek oder Grundschuld (Realkredite).
Der folgenden Übersicht können Sie entnehmen, welche Kredite es
gibt und welchen Beschränkungen die einzelnen Formen unterliegen.

Kredit-finanzierung

Übersicht: Kurz- mittel- und langfristige Bankkredite

Kurz- und mittelfristige Bank-kredite	Langfristige Bankkredite
• **Kontokorrentkredit**: Kunde kann je nach Bedarf den Kredit bis zum Kreditlimit beanspruchen. • **Diskontkredit**: Bank kauft Wechsel des Kunden vor ihrer Fälligkeit unter Abzug des Diskonts an (bis zur eingeräumten Höhe). • **Akzeptkredit**: Kunde kann Wechsel auf die Bank ziehen, wird aber nur erstklassigen Kunden erlaubt. • **Lombardkredit**: Bank gewährt ein kurzfristiges Darlehen, das durch die Verpfändung von Wertpapieren abgesichert wird. • **Bürgschaftskredit**: Hier haftet noch eine weitere Person außer dem Schuldner für die Rückzahlung des Kredits. • **Zessionskredit**: Zur Absicherung des Kredits werden vom Kreditnehmer Forderungen an Dritte an die Bank abgetreten.	• **Grundschuldkredit**: Die Grundschuld ist ein Realkredit, der durch ein Pfandrecht an einem Grundstück (unbewegliche Sache) gesichert ist. Er läuft ausgesprochen langfristig; die Grundschuld wird ins Grundbuch eingetragen. Der Kreditnehmer haftet nicht persönlich. • **Hypothekarkredit**: Zur Finanzierung von Wohnhäusern und Wirtschaftsgebäuden werden neben Grundschuldkrediten auch Hypothekarkredite gewährt. Bei der Hypothek dient einmal das Grundstück als Sicherheit, und der Schuldner haftet persönlich. Hypotheken werden wie Grundschulden ins Grundbuch eingetragen. • **Schuldscheindarlehen** oder Schuldverschreibungen sind Darlehen, die durch Urkunden verbrieft sind. Die Wertpapiere können dann am Kapitalmarkt plaziert werden. Dieser Kredit ist meist nur für Großunternehmen möglich.

Die folgenden vier Punkte sollten Sie generell bei der Kreditaufnahme bedenken:

1. Durch die Zuführung flüssiger Mittel verbessert sich zunächst die Liquidität des Unternehmens. Die Kreditaufnahme führt aber zu fixen Kosten: zu Zinsbelastungen und Tilgungsverpflichtungen.

2. Es kann auch ein gewisses Mitspracherecht durch den Kreditgeber entstehen (wenn er auch in der Regel wenig Einfluss auf die Geschäftsführung nimmt).

3. Ziehen Sie bei jeder Kreditaufnahme auch die Gefahr der vorzeitigen Kündigung in Erwägung.

4. Übermäßig hohes Fremdkapital schränkt den Handlungsspielraum eines Unternehmens in einer Krise stark ein (Anspannungsgrad beachten!).

Bonitätsprüfung durch die Banken

In der Bonitätsprüfung untersucht die Bank die Kreditwürdigkeit ihres Kunden. Bei dieser Prüfung spielen Kennzahlen aus dem Jahresabschluss eine wichtige Rolle, aber auch andere Werte, die die künftige Zahlungsfähigkeit beeinflussen (Erfolgsaussichten, allgemeine Lage der Branche, Auftragslage etc.). Schlechte Zahlen werden hier ganz generell die Chancen, dass der Kredit genehmigt wird, schmälern. *Kreditwürdigkeit*

Im Rahmen der Kreditvergabe an Unternehmen, insbesondere bei langfristigen Krediten, prüft eine Bank nicht nur die Sicherheiten, sondern zieht auch die Daten der Bilanz in die Untersuchung mit ein (Analyse der Jahresabschlüsse mit Kennzahlen). Hierbei interessieren sich die Banken für *Gegenstand der Bonitätsprüfung*

- die Vermögenslage des Unternehmens und Kapitalaufbau (etwa Verhältnis von Eigen- zu Fremdkapital),
- die Liquiditätsverhältnisse (künftige Zahlungsfähigkeit) sowie
- die Ertragslage des Unternehmens (z. B. Umsatzentwicklung, Beschäftigtenzahl).

Daneben wird die Bank auch die Produktpalette berücksichtigen und Informationen über Forschung und Entwicklung und das Management einholen. Daher sollte man vor der Verhandlung mit der Bank sicherstellen, dass das Unternehmen die Kreditkosten sowie die vereinbarten Rückzahlungen aufbringen kann und trotzdem noch einen angemessenen Gewinn erzielt. *Produktpalette*

Achtung:
Die für die Kreditwürdigkeitsprüfung notwendigen Informationen erhält die Bank übrigens nicht nur über Analysen Ihrer Geschäftsunterlagen (Bilanzen, Jahresabschlüsse, Finanzpläne), sondern auch durch Auskünfte von Dritten (z. B. Auskunfteien, Lieferanten).

2.4 Basel II – Kennzahlen für das Kreditrating

Regeln für die Kreditvergabe

Die Zentralbanken der wichtigsten Industrieländer und die Bank für internationalen Zahlungsausgleich (BIZ) in Basel wollen die Kreditrisiken der Banken durch verbindliche Vorgaben begrenzen. 1996 wurde Basel I eingeführt, wonach die Banken jeden gewährten Kredit mit 8 % Eigenkapital absichern müssen.

Ermittlung des Verlustrisikos
Bei jeder Kreditvergabe nach Basel II ist das individuelle Verlustrisiko zu ermitteln. Die Banken müssen damit bei jeder neuen Kreditgewährung die Bonität des Kunden beurteilen. Eine objektive und zuverlässige Bonitätsprüfung setzt ein erfahrenes Beurteilungsverfahren voraus, in das sich die Anforderungen von Basel II integrieren lassen. Bei gleichen Voraussetzungen gelten für alle Kunden die gleichen Maßstäbe.

Höheres Risiko = höherer Preis
Die Kreditgewährung soll durch Basel II nicht begrenzt werden, aber für ein höheres Risiko ist ein höherer Preis zu entrichten. Es werden höhere Eigenkapitalanforderungen an die Banken bei Kreditnehmern mit schlechter Bonität gestellt. Für Unternehmen mit guter Bonität und geringem Risiko ist weniger Eigenkapital von der Bank zu unterlegen. Diese zahlen daher für einen Kredit einen niedrigeren Zins.

Obligatorisches Rating
Ab 2007 setzt die Kreditgewährung ein obligatorisches Rating voraus. Die Banken können ein bankinternes Beurteilungs- und Ratingverfahren anwenden oder das externe Rating der führenden Ratingagenturen Moody's, Standard & Poors und Fitch übernehmen. Diese orientieren sich am angelsächsischen Schulsystem mit der Benotung von A bis D (AAA = sehr gut, C = ungenügend, bald Insolvenz). Wenn ein Buchstabe wiederholt wird, dann bedeutet das eine Verbesserung der Bonitätsnote.

Bankinternes Rating erfasst harte und weiche Faktoren

Die mit der Gewährung eines Kredites verbundenen Risiken soll das bankinterne Ratingsystem abschätzen. Die Unterlagen des Jahresabschlusses sind die Grundlage für die Analyse der Bank. Die Zahlen des Jahresabschlusses werden in einer Strukturbilanz (mit Gewinn- und Verlustrechnung) aufbereitet und standardisiert. Mit verschiedenen Kennzahlen wie Eigenkapitalquote, Umsatzwachstum und Anlagendeckung werden Aussagen zur Vermögens-, Finanz- und Ertragslage gemacht. Die Auswertung des Jahresabschlusses mit Kennzahlen bildet die Grundlage des Kreditratings und zählt zu den harten Faktoren (hard facts). Die Jahresabschlussanalyse ist der objektivste Bestandteil des Rating-Prozesses und kann leicht nachvollzogen werden.

Auswertung des Jahresabschlusses

Die herkömmliche Kreditwürdigkeitsprüfung wird um die weichen Faktoren (soft facts) erweitert. Das Unternehmenskonzept, das Mangaement, betriebliche Prozesse sowie Marketing/Verkauf rechnen zu den weichen Faktoren.

Weiche Faktoren

Die harten und weichen Faktoren werden mit zuvor festgelegten Werten gewichtet. Die Kennzahlen der Jahresabschlussanalyse bilden die harten Faktoren und bestimmen je nach Bankengruppe mit 40 bis 60 % das Ratingergebnis. Die wichtige Kennzahl Eigenkapitalquote wird in der Regel mit 15 % bewertet. Auf die weichen Faktoren entfällt meistens ein Anteil von 40 bis 50 % am Ratingergebnis.

Achtung:
Die Bonitätsprüfung erfolgt mit Ratingverfahren, die von Bankinstitut zu Bankinstitut hinsichtlich der Beurteilungskriterien und der Gewichtung der Merkmale Unterschiede aufweisen. Basel II wird aber zu einer gewissen Angleichung führen.

3 Messen und bewerten des Unternehmenserfolgs

Jedes Unternehmen strebt nach Gewinn und versucht, mit hohem Ertrag rentabel zu wirtschaften. Der Erfolg eines Unternehmens, seine Performance, lässt sich mithilfe von Kennzahlen messen und bewerten.

Das bietet Ihnen dieses Kapitel

In diesem Kapitel erfahren Sie,

- wie Renditekennzahlen eingesetzt werden,
- was der Cashflow eines Unternehmens aussagt und wie er berechnet wird,
- was die Kennzahlen „Market Value Added" und „Economic Value Added" leisten,
- welche Kennzahlen zur Aktienbewertung eingesetzt werden.

3.1 Internationale Vergleichbarkeit des Jahresgewinns

Wenn Sie feststellen wollen, wie erfolgreich ein Unternehmen ist, dann müssen Sie zunächst die Höhe des Bilanzgewinns kennen. Der Gewinn ist dann ins Verhältnis zum Kapital oder einer anderen Bezugsgröße zu setzen.

Die Kennzahl EBIT

Der Jahresgewinn eines deutschen Unternehmens wird durch die absoluten Kennzahlen EBIT und EBITDA international vergleichbar gemacht. Der nach EBIT (= Earnings Before Interest and Taxes) ermittelte Gewinn entspricht weitgehend dem Betriebsergebnis:

Jahresüberschuss

+/– Außerordentliches Ergebnis

+/– Ertragssteuern

+/– Zinsaufwendungen
_____

= **EBIT**

Die Kennzahl EBITDA (= Earnings Before Interest, Taxes, Depreciation and Amortisation) macht eine ähnliche Aussage wie der Cashflow. Sie zeigt den Finanzmittelzufluss aus dem operativen Geschäft. `Die Kennzahl EBITDA`

EBIT

+ Abschreibungen
_____

= **EBITDA**

Für den Unternehmensvergleich wird oft die Kennzahl EBT (Earnings Before Taxes) verwendet, unterschiedliche Steuerbelastungen werden so ausgeschaltet. `Die Kennzahl EBT`

Jahresüberschuss

+/– Ertragsteuern
_____

= **EBT**

3.2 Die häufigsten Renditekennzahlen

Die auch als Unternehmerrendite bezeichnete Kennzahl Eigenkapitalrentabilität (oder -rendite) gibt Auskunft über die Verzinsung des Eigenkapitals. Die Eigentümer eines Unternehmens sind nicht nur an der absoluten Höhe des Gewinns interessiert, sondern noch mehr daran, wie rentabel ihr Kapitaleinsatz war. `Eigenkapitalrentabilität`

$$\text{Eigenkapitalrentabilität} = \frac{\text{Gewinn (Verlust)} \times 100}{\text{Eigenkapital}}$$

> **Achtung:**
> Beachten Sie bei der Berechnung: Den in dem betreffenden Jahr entstandenen Gewinn (oder Verlust) dürfen Sie dem Eigenkapital nicht zurechnen, da die Kennziffer ja gerade das Verhältnis zu diesem zeigen soll. Ist allerdings in diesem Jahr eine Kapitalerhöhung erfolgt, muss sie im Eigenkapital berücksichtigt werden. Dann setzen Sie in den Nenner des Bruchs das durchschnittlich im Jahr arbeitende Kapital.

Was sollten Sie bei der Eigenkapitalrentabilität beachten?

- Die Eigenkapitalrentabilität informiert den Unternehmer, die Gesellschafter und die Aktionäre über die Verzinsung des im Unternehmen investierten Kapitals.
- Bei jeder Kapitalanlage sind Rendite, Sicherheit und Liquidität zu beachten. Ein weiteres Anlageziel ist die Flexibilität, das heißt die Möglichkeit, sich an veränderte Marktverhältnisse rasch anpassen zu können. Sie ist für den Anleger in Zeiten steigender Zinsen und Zinserwartungen wichtig.
- Die Rendite steht oft in direkter Beziehung zum Risiko. Eine überdurchschnittlich hohe Rendite ist meistens mit hohem Risiko verbunden.
- Langfristige Kapitalanlagen haben in der Regel eine höhere Rendite als kurzfristige.

Eigenkapital- und Gesamtkapitalrentabilität

Gesamtkapital-rentabilität

Betriebswirtschaftlich informativer ist die Gesamtkapitalrentabilität. Diese Renditezahl verweist, weil Unterschiede in der Finanzierung unberücksichtigt bleiben, deutlicher auf die Leistungsfähigkeit des Unternehmens. Der Unternehmenserfolg geht ja nicht nur auf den Einsatz des Eigen-, sondern auch auf den des Fremdkapitals zurück. Bei dieser Kennzahl ist der Reingewinn einschließlich Zinsaufwand (Erfolg + Fremdkapitalzinsen) zum Gesamtkapital ins Verhältnis zu setzen:

$$\text{Gesamtkapitalrentabilität} = \frac{(\text{Gewinn} + \text{Fremdkapitalzinsen}) \times 100}{\text{Gesamtkapital}}$$

Weder die Zusammensetzung von Eigen- und Fremdkapital noch unterschiedliche Zinssätze für das Fremdkapital („billiges" oder

„teures Geld") haben einen Einfluss auf die Höhe der Gesamtkapitalrendite, da die Kosten für das Fremdkapital im Zähler addiert werden. Bei zwischenbetrieblichen Vergleichen sollten Sie diese wichtige Kennziffer immer heranziehen.

Beispiel:
Die Ettwein & Co hat im abgelaufenen Wirtschaftsjahr einen Gewinn von 250.000 € erreicht. Das Eigenkapital beträgt 2.000.000 € und das Fremdkapital 1.000.000 €. Es wurden 9 % Fremdkapitalzinsen in Höhe von 90.000 € bezahlt.

$$\text{Eigenkapitalrentabilität} = \frac{250.000 \times 100}{2.000.000} = 12,5\ \%$$

$$\text{Gesamtkapitalrentabilität} = \frac{(250.000 + 90.000) \times 100}{3.000.000} = 11,3\ \%$$

Die Eigenkapitalrentabilität ist mit 12,5 % höher als die Gesamtrentabilität. Letztere liegt aber mit 11,3 % über dem Zinsfuß für Fremdkapital von 9 %. Die Eigenkapitalrentabilität des Unternehmens hat sich also durch die Aufnahme von Fremdkapital erhöht.

Was sollten Sie bei der Gesamtkapitalrentabilität beachten?

- Die Gesamtkapitalrentabilität zeigt die Ertragskraft eines Unternehmens besser als die Eigenkapitalrentabilität.

- Die Ertragskraft kann aber durch den Ausweis von außerordentlichen Aufwendungen und Erträgen in der Gewinn- und Verlustrechnung sowie durch die Bildung stiller Reserven im abgelaufenen Geschäftsjahr verzerrt werden.

Während sich die Gesamtkapitalrentabilität auf das gesamte Unternehmen erstreckt, sind bei der Betriebsrentabilität Betriebsgewinn und betriebsnotwendiges Kapital die Bezugsgrößen. Das Betriebsergebnis ist das um das neutrale Ergebnis bereinigte Gesamtergebnis. Das betriebsnotwendige Kapital entspricht in seiner Höhe dem Betriebsvermögen, das aus dem Gesamtvermögen herausgerechnet wird.

Umsatzrentabilität oder Umsatzgewinnrate?

Die Umsatzrentabilität ist das Verhältnis von Unternehmensgewinn bzw. -verlust zum Jahresumsatz (= Nettoumsätze). Sie zeigt, in welcher Relation der Gewinn zum Geschäftsvolumen steht. Eine hohe Umsatzrentabilität bedeutet somit, dass das Unternehmen im Hinblick auf die Größe seines Geschäftsvolumens einen hohen Gewinn erzielt. Sie können sowohl die Brutto-Umsatz-Rentabilität (= Erfolg vor Zinsen und vor Steuern) als auch die Netto-Umsatz-Rentabilität (= Erfolg nach Steuern und Zinsen) berechnen.

Achtung:
Die Unternehmensleitung sollte bestrebt sein, nicht nur einen hohen Umsatz, sondern auch eine hohe Umsatzrendite zu erzielen.

$$\text{Umsatzrentabilität} = \frac{\text{Gewinn (Verlust)} \times 100}{\text{Umsatz}}$$

Beispiel:
Ein Unternehmen erzielte bei einen Umsatz von 8.526.700 € einen Gewinn von 712.930 €. Im Vorjahr wurden ein Umsatz von 7.543.720 € und ein Gewinn von 544.600 € erreicht. Die Umsatzrendite entwickelte sich damit folgendermaßen:

Vorjahr

$$\text{Umsatzrendite} = \frac{544.600 \times 100}{7.543.720} = 7{,}2\ \%$$

Berichtsjahr

$$\text{Umsatzrendite} = \frac{712.930 \times 100}{8.526.700} = 8{,}36\ \%$$

Die Kennziffer Umsatzrentabilität liefert Hinweise für die Sicherheit der Gewinnerzielung. Die Umsatzrentabilität ist im Return on Investment (ROI) enthalten. (Näheres dazu ab Seite 57).

Was bedeutet der „Leverage-Effekt" für die Rentabilität?

Wenn die Gesamtkapitalrentabilität (oder interne Rendite) des Un- Hebelwirkung
ternehmens höher als der zu zahlende Zinssatz für das Fremdkapital
ist, dann wird durch eine weitere Verschuldung, also Aufnahme von
zusätzlichem Fremdkapital, eine Steigerung der Eigenkapitalrendite
erreicht. Man bezeichnet diesen Vorgang als Leverage-Effekt (engl.
leverage effect = Hebelwirkung).

Achtung:
Der Leverage-Effekt hängt von der Ertragskraft des Unternehmens und
der Höhe des Zinses für Fremdkapital ab.

Das folgende Beispiel zeigt Ihnen, wie durch die Aufnahme von
zusätzlichem Fremdkapital die Eigenkapitalrentabilität erhöht werden kann.

Beispiel:
Die Kliver GmbH erreichte eine Eigenkapitalrentabilität von 18,3 % und
eine Gesamtkapitalrentabilität von 15,2 %. Das Unternehmen tätigt
nun eine Investition von 2.000.000 € und finanziert sie mit einem Darlehen. Es sind 10 % bzw. 200.000 € Zinsen zu zahlen. Die Rentabilität
der Investition beträgt 20 % im Jahr. Der Ertrag erhöht sich folglich um
20 % von 2.000.000 €, also um 400.000 €. Der Gewinn des Investitionsprojektes beträgt 200.000 €, nämlich 400.000 € Erträge abzüglich
200.000 € Zinsaufwendungen.
Die gesamten Zinsbelastungen erreichen jetzt 270.000 € zuzüglich
200.000 €. Der Gesamtgewinn beträgt nach der Durchführung der Investition 1.100.000 € plus 200.000 €, folglich ergibt sich 1.300.000 €.
Das Gesamtkapital erhöht sich von 9.000.000 € um 2.000.000 auf
11.000.000 €.

$$\text{Gesamtkapitalrentabilität} = \frac{(1.100.000 + 270.000 + 200.000 + 200.000) \times 100}{6.000.000 + 3.000.000 + 2.000.000} =$$

$$\blacktriangleright \quad \frac{1.770.000 \times 100}{11.000.000} = 16,1 \%$$

$$\text{Eigenkapitalrentabilität} = \frac{1.300.000 \times 100}{6.000.000} = 21{,}7\ \%$$

Durch die zusätzliche Aufnahme von 2.000.000 € Fremdkapital ist die Gesamtrentabilität von 15,2 auf 16,1 % gestiegen. Die Zunahme der Eigenkapitalrentabilität ist mit einem Anstieg von 18,3 auf 21,7 % noch ausgeprägter.

Was sollten Sie beim Leverage-Effekt beachten?

- Die Frage, ob der zusätzliche Kapitalbedarf eines Investitionsprojekts mit Eigen- oder Fremdkapital finanziert werden soll, hängt meistens von den Bilanzstrukturdaten, den vorhandenen Sicherheiten und den Rentabilitätsüberlegungen ab.
- Der Eigentümer, auch der Aktionär, wird zur Fremdfinanzierung neigen, wenn sich durch sie der Gewinn und damit die Eigenkapitalrentabilität erhöhen.
- Der Leverage-Effekt kann auch negativ wirken, und zwar dann, wenn die Gesamtrentabilität unter den Fremdkapitalzins fällt. Die Eigenkapitalrentabilität sinkt dann mit der Zunahme des Fremdkapitals am Investitionsprojekt.
- Der Leverage-Effekt vermindert nicht das Risiko. Denn immer noch ist das Eigenkapital eines Unternehmens und nicht das Fremdkapital haftend. Steigt der Anteil des Fremdkapitals, dann erhöht sich das Investitionsrisiko und das Kapitalrisiko für alle Beteiligten. Mit steigendem Verschuldungsgrad wachsen Risiko und Abhängigkeit von den Gläubigern.

Die Renditekennzahl Return on Investment (ROI)

Kapital-
rentabilität

Die Kapitalrentabilität wird als das Verhältnis des erzielten Gewinns (Verlustes) in der Rechnungsperiode zum eingesetzten Kapital bestimmt:

$$\text{Kapitalrentabilität} = \frac{\text{Gewinn} \times 100}{\text{Kapital}}$$

Wenn Sie in der Formel nun noch den Umsatz im Zähler und Nenner einsetzen, erhalten Sie eine der wichtigsten Kennzahlen zur Beurteilung der Rendite, den Return on Investment (ROI). Diese Kennzahl ist noch weit aussagekräftiger als die Kapitalrenditen.

$$ROI = \frac{Gewinn \times 100}{Umsatz} \times \frac{Umsatz}{Kapital}$$

Das Ergebnis bleibt gegenüber der ersten Formel unverändert, der Erkenntniswert der erweiterten Formel ist aber größer. Die erweiterte Formel zeigt Ihnen einmal die Umsatzrentabilität an und zum anderen die Umschlagshäufigkeit des Kapitals.

Return on Investment (ROI)

Umsatzrentabilität × Umschlagshäufigkeit des Kapitals

Erfolg : Umsatz × Umsatz : Gesamtvermögen

Der Return on Investment entspricht zwar der Kapitalrentabilität, zeigt aber bereits die Ursachen für eine Verbesserung oder Verschlechterung der Rendite, wie das folgende Beispiel zeigt.

Ursachen der Renditeentwicklung

Return on Investment (mit Beispielzahlen)

Jahr	Gewinn	Kapital	Umsatz
1	160.000	2.000.000	4.000.000
2	240.000	2.000.000	4.000.000
3	360.000	2.500.000	6.000.000

Jahr	Umsatzrentabilität ×	Kapitalumschlag =	Return on Investment
1	4	2	8
2	6	2	12
3	6	2,4	14,4

Der Return on Investment ist im Jahr 2 höher als im Jahr 1. Die Zunahme ist auf den Anstieg der Umsatzrentabilität auf 6 % zurückzuführen. Im Jahr 3 blieb die Umsatzrentabilität zwar unverändert, aber die Umschlagsäufigkeit des Kapitals hat sich auf 2,4 erhöht.

> **Tipp:**
> Die Kapitalrentabilität wird meist für das gesamte Unternehmen ermittelt. Diese Kennzahl lässt sich aber auch für einzelne Geschäftsbereiche oder Profit-Center errechnen. Sie können auch eine Ermittlung nach Produktgruppen und einzelnen Produkten vornehmen.

Wie lässt sich die Kapitalrendite (der ROI) verbessern?

Der ROI wird nach der erweiterten Formel vom Gewinn, dem Umsatz und dem Kapital bestimmt. Wenn Sie seinen Wert erhöhen wollen, dann können Sie bei jedem dieser drei Hebel ansetzen.

Gewinn Der Gewinn ergibt sich aus den Umsatzerlösen minus Aufwand (Herstellungs-, Vertriebs- und Verwaltungsaufwendungen). Als Gewinn kommt der „Gewinn vor Ertragssteuern" oder der „Gewinn nach Ertragssteuern" in Betracht. Für die Ermittlung der Kapitalrentabilität ist aber der Nettogewinn, der Gewinn nach Abzug der Ertragssteuern sinnvoller.

Umsatz Der Umsatz ergibt sich aus der Menge und dem Preis je Einheit. Hier ist es angebracht, von den Bruttoumsatzerlösen die Erlösschmälerungen (Nachlässe, Frachtkosten, Rücksendungen) herauszurechnen. Damit sind die Nettoumsatzerlöse die Bezugsbasis für Ihre Berechnungen.

Kapital Das Kapital umfasst die Finanzierungsmittel des Unternehmens, das auf der Passivseite der Bilanz ausgewiesene Eigen- und Fremdkapital. Das investierte Kapital wird im Anlage- und Umlaufvermögen eingesetzt.

Eine höhere Kapitalrentabilität kann sowohl über eine gestiegene Umsatzrentabilität als auch über einen höheren Kapitalumschlag angestrebt werden.

Möglichkeit 1: Erhöhung der Umsatzrentabilität

Wollen Sie die Umsatzrentabilität beeinflussen, dann muss sich der Umsatz erhöhen oder Sie müssen die Kosten reduzieren. Zu den Kosten gehören Herstellkosten, Lagerkosten, Vertriebs- und Verwaltungskosten. Es kommt also auf die Differenz von Umsatz und Kosten an:

$$\text{Gewinn} = \text{Umsatz} - \text{Kosten}$$

Wenn bei unveränderten Kosten eine Preiserhöhung am Markt durchgesetzt werden kann, dann führt das über einen höheren Umsatz zu einem größeren Gewinn und so zu einer höheren Umsatzrendite. Dies zeigt die folgende Tabelle anhand von Beispielzahlen:

	Umsatz	–	Kosten	=	Gewinn
Gewinn vor Preiserhöhung	100.000 –		95.000 =		5.000
Gewinn nach Preiserhöhung	103.000 –		95.000 =		8.000

Eine Verbesserung erreichen Sie auch dann, wenn es Ihnen gelingt, über eine Mengenerhöhung einen Umsatzanstieg, der größer als der Kostenanstieg ist, durchzusetzen (vgl. folgende Tabelle).

	Umsatz	–	Kosten	=	Gewinn
Gewinn vor Mengenerhöhung	100.000 –		95.000 =		5.000
Gewinn nach Mengenerhöhung	102.000 –		96.000 =		6.000

Die Umsatzrentabilität kann auch gesteigert werden, wenn bei unverändertem Umsatz die Kosten vermindert werden. Eine Reduzierung der Kosten lässt sich z. B. über einen billigeren Einkauf von Rohstoffen oder modernere Fertigungsverfahren erreichen.

Möglichkeit 2: Erhöhung des Kapitalumschlags

Der Kapitalumschlag (= Umschlagshäufigkeit des Kapitals) ist der Quotient aus Umsatz und Gesamtkapital (Gesamtvermögen).

$$\text{Kapitalumschlag} = \frac{\text{Umsatz}}{\text{Kapital}}$$

Die Kennzahl zeigt, wie oft das Gesamtkapital im Umsatz (Nettoumsatz) umgeschlagen wurde. Je höher der Kapitalumschlag, desto intensiver ist die Nutzung des Kapitals und desto besser sind auch Rentabilität und Liquidität. Wollen Sie den Kapitalumschlag in Tagen angeben, müssen Sie den obigen Bruch mit 360 multiplizieren.

$$\text{Kapitalumschlag} = \frac{\text{Umsatz} \times 360}{\text{Kapital}}$$

Je höher der Kapitalumschlag bei gleich bleibender Umsatzrentabilität, desto höher ist die Gesamtrentabilität. Die Umsatzerhöhung ist eine bereits gezeigte Alternative, den Kapitalumschlag zu verbessern; die andere ist die Reduzierung des Kapitals. Hier können Sie beim Anlage- oder Umlaufvermögen ansetzen. Eine Reduzierung beim Anlagevermögen ist seltener möglich, denkbar wäre etwa, unrentable Fertigungsanlagen zu schließen oder nicht benötigte Anlagegüter zu verkaufen.

Mehr Möglichkeiten gibt es meistens beim Umlaufvermögen. So können Sie durch ein verbessertes Mahnwesen und die Gewährung von Skonto die Außenstände verkleinern. Weniger Kapitalbindung wird auch erreicht, wenn die Bestände an Roh-, Hilfs- und Betriebsstoffen sowie unfertigen und fertigen Erzeugnissen gesenkt werden. Hier kann der Einsatz von Lagerkennzahlen zu deutlichen Fortschritten führen.

3.3 Wie wird der Cashflow eines Unternehmens berechnet?

Liquiditäts-
zufluss

Der Cashflow ist ein wichtiger Maßstab zur Beurteilung des Finanz- und Ertragspotenzials eines Unternehmens. Es handelt sich um den umsatzbedingten Liquiditätszufluss in einer Periode, also den Überschuss (oder Verlust), der sich aus allen Einnahmen und Ausgaben ergibt, die liquiditätswirksam sind.

Cashflow

Der Cashflow (engl. „Geldzufluss") ist eine finanzielle Stromgröße: Sie zeigt die aus dem Betriebsprozess erwirtschafteten, erfolgswirksamen Überschüsse auf. Eine große Rolle bei dieser Kennzahl spielen die Abschreibungen und Rückstellungen.

Die Kennzahl informiert Sie darüber, in welcher Höhe dem Unternehmen Mittel aus seiner Umsatztätigkeit zur Verfügung stehen. Diese Mittel braucht das Unternehmen für verschiedene Zwecke:

• liquide Mittel aufzustocken
• Schulden zu tilgen
• Investitionen zu finanzieren (im Sach- und Finanzanlagevermögen sowie im Umlaufvermögen, z. B. höhere Warenbestände)
• Gewinne auszuschütten
• Rückstellungen abzubauen

Mit dem Cashflow kann ein Unternehmen Ersatz- und Erweiterungsinvestitionen finanzieren. Mit steigendem Cashflow nimmt mittelfristig auch das Ertragspotenzial zu.
Der Cashflow ist ein Maßstab für den Erfolg und die Selbstfinanzierungskraft eines Unternehmens. Mit dieser Kennzahl lässt sich der Spielraum der Innenfinanzierung abschätzen. Analytikern zeigt er, ob das Unternehmen auch in Zukunft mit Überschüssen rechnen kann. Daher setzt man ihn nicht nur für Finanzanalysen, z. B. die Jahresabschlussanalyse ein, sondern auch zur Prüfung der Kreditwürdigkeit.

Barometer für die Selbstfinanzierungskraft

Methode zur Berechnung des Cashflows

Um den Cashflow zu berechnen, werden hier zwei Möglichkeiten vorgestellt. Die direkte und die indirekte Methode. Für die direkte Methode brauchen Sie die Daten aus der Kapitalflussrechnung.

> **Kapitalflussrechnung**
>
> In der Kapitalflussrechnung werden die Finanzbewegungen in Einnahmen (= Kapitalherkunft) und Ausgaben (= Kapitalverwendung) unterteilt. Diese Berechnung unterrichtet über die liquiditätswirksamen Vorgänge in der Geschäftsperiode und zeigt die Ursachen von Liquiditätsveränderungen auf.

Der Cashflow errechnet sich aus der Differenz zwischen den liquiditätswirksamen Erträgen und den liquiditätswirksamen Aufwendungen. Dies bedeutet, dass vom Umsatz (der die „liquiditätswirksamen Einnahmen" erfasst) Materialausgaben, Personalausgaben, Zinsen und andere Ausgaben abgezogen werden (auch diese Positionen sind „liquiditätswirksam"). Der Saldo ist damit ein Nettokassenzufluss.

Berechnung

Direkte Ermittlung des Cashflows

liquiditätswirksame Erträge	.... €
– liquiditätswirksame Aufwendungen	.... €
= Cashflow	.... €

Die indirekte Methode leitet den Cashflow über den Gewinn her.

Indirekte Ermittlung des Cashflows

Gewinn/Verlust

+ liquiditätswirksame Aufwendungen .... €

− liquiditätswirksame Erträge .... €

= Cashflow .... €

Aus dem Brutto-Cashflow entsteht nach Abzug der Gewinnausschüttungen und Steuern der Netto-Cashflow.

Vorteil der indirekten Methode

Der Cashflow wird in der Praxis nach der indirekten Methode über den Nettogewinn und die Abschreibungen ermittelt. Die direkte Methode hat den Nachteil, dass man Daten aus der Erfolgsrechnung heranziehen und die Kennzahl über die Kapitalflussrechnung berechnen muss.

Cashflow in der vereinfachten Form

Der Cashflow in seiner einfachen Form liefert bereits wichtige Hinweise zur Finanz- und Ertragskraft eines Unternehmens.

Jahresüberschuss

+ Abschreibungen

+ Zuführungen zu den langfristigen Rückstellungen

= Cashflow

Die Position „Abschreibungen" umfasst:

- Abschreibungen auf immaterielle Vermögensgegenstände
- Abschreibungen auf Sachanlagen
- Abschreibungen auf Finanzanlagen und Wertpapiere des Umlaufvermögens
- außerplanmäßige Abschreibungen bei einer voraussichtlich dauernden Wertminderung von Vermögensgegenständen des Anlagevermögens

Werden langfristige Rückstellungen aufgelöst, wird der Cashflow vermindert. Zuschreibungen auf Vermögensgegenstände des Anlage- und des Umlaufvermögens führen ebenfalls zu einer Verminderung.

Achtung:
Ein negativer Cashflow (= Cash loss oder Cash drain) führt zu einer Abnahme der Liquidität durch den Umsatzprozess. Ein Reinverlust hingegen führt „nur" zu einer Abnahme des Nettovermögens und muss nicht zwangsweise mit einem Cash loss verbunden sein. Ein Cash loss ist seltener als ein Reinverlust.

Cashflow in der weiteren Form (nach DVFA)

Der Cashflow umfasst den ausgewiesenen Reingewinn, die Zuweisungen zu den Rücklagen, die Abschreibungen auf Sachwerte und Beteiligungen sowie die Bildung von langfristigen Rückstellungen. Keine Einigkeit besteht, ob er außerordentliche Aufwendungen (vermindert um außerordentliche Erträge) umfassen soll. Die Deutsche Vereinigung für Finanzanalyse und Anlageberatung, bekannter unter ihrer Abkürzung DVFA, nimmt beim einfachen Cashflow gewisse Korrekturen vor:

Cashflow in der vereinfachten Form

+ außerordentliche Aufwendungen

– außerordentliche Erträge

+ Zuführungen in den Sonderposten mit Rücklagenanteil

– Erträge aus der Auflösung des Sonderpostens mit Rücklageanteil

= **Cashflow in der weiteren Form**

Wann ist die Cashflow-Analyse sinnvoll?

Der Cashflow sollte insbesondere angewendet werden, wenn bei mittleren Unternehmen Jahre mit starken Schwankungen in der Investitionstätigkeit miteinander verglichen werden. Die Beurteilung der Ertragslage einzelner Jahre erfolgt durch den Cashflow objektiver als durch den Gewinn, da er auch die Abschreibungen umfasst.

Objektivere Beurteilung der Ertragslage

Wenn Sie mehrere aufeinanderfolgende Geschäftsjahre in die Auswertung einbeziehen, zeigt Ihnen der Cashflow deutlich Veränderungen der Finanz- und Ertragskraft des Unternehmens. Durch die Berücksichtigung der Abschreibungen werden die Auswirkungen unterschiedlich hoher jährlicher Investitionen auf die Ertragslage erfasst. In den ersten beiden Jahren nach der Fertigstellung eines Investitionsprojektes sind die Abschreibungen sehr hoch, insbesondere bei der degressiven Methode. Dies hat Auswirkungen auf die Ertragslage. Die Abschreibungen wirken in dieser Zeit stark gewinnreduzierend bzw. verlusterhöhend.

Grenzen der Cashflow-Analyse

- Es erfolgt keine Trennung nach finanzwirksamen und nichtfinanzwirksamen Aufwendungen und Erträgen.
- Der Cashflow erfasst nicht alle Finanzvorgänge. So führt eine Aufstockung der Vorräte von Roh-, Hilfs- und Betriebsstoffen – die in der betreffenden Periode erfolgt und bezahlt wird – zwar zu einem Geldmittelabgang, aber zu keiner Veränderung beim Cashflow.
- Er zeigt auch die Ertragskraft nur eingeschränkt. Die Bildung stiller Reserven im Anlagevermögen wird nicht erkannt, z. B. die Anschaffung geringwertiger Wirtschaftsgüter und ihre Verrechnung als Aufwand.
- Er erfasst ebenfalls nicht die Entstehung und Auflösung kurzfristiger Rückstellungen.
- Der Cashflow lässt, wenn ein Unternehmen durch Außenstehende untersucht wird, keine Aufschlüsse über die verfolgte Bewertungspolitik und ihre Auswirkungen auf das Umlaufvermögen zu.

Verhältniskennzahlen, die auf dem Cashflow basieren

Die Aussagekraft der absoluten Höhe des Cashflows ist beim Unternehmensvergleich begrenzter als beim innerbetrieblichen Vergleich. Jedes Unternehmen hat seine eigene Bilanzpolitik und bildet in unterschiedlichem Umfang stille Reserven. Kennziffern, die auf dem Cashflow basieren, eignen sich für den Vergleich mit anderen Unternehmen daher besser als der absolute Cashflow.

Das Verhältnis von Cashflow zu Eigenkapital oder Gesamtkapital unterrichtet, wie viel Prozent in einer bestimmten Geschäftsperiode als Finanzierungsmittel zugeflossen sind.

Cashflow-Eigenkapital-rendite

$$\text{Cashflow-Eigenkapitalrendite} = \frac{\text{Cashflow} \times 100}{\text{Eigenkapital}}$$

$$\text{Cashflow-Gesamtkapitalrendite} = \frac{\text{Cashflow} \times 100}{\text{Gesamtkapital}}$$

Die Kennzahl „Cashflow zu Umsatzerlösen" ist ein weiteres Führungsinstrument zur Beurteilung der Ertrags- und Selbstfinanzierungskraft eines Unternehmens.

$$\text{Cashflow-Umsatzrendite} = \frac{\text{Cashflow} \times 100}{\text{Umsatzerlöse (= Verkaufsumsatz)}}$$

Beispiel:

Die Ott-GmbH erreichte bei einem Umsatz von 7.328.549 € einen Cashflow von 610.793 €. Im Vorjahr betrug bei 6.957.230 € Umsatz der Cashflow 520.736 €. Die Berechnung zeigt, wie sich die Cashflow-Umsatzrendite entwickelt hat:

$$\text{Berichtsjahr: Cashflow-Umsatzrendite} = \frac{610.793 \times 100}{7.328.549} = 8,3\,\%$$

$$\text{Vorjahr: Cashflow-Umsatzrendite} = \frac{520.736 \times 100}{6.957.230} = 7,5\,\%$$

Die Cashflow-Umsatzrendite hat sich im Berichtsjahr von 7,5 % auf 8,3 % erhöht. Diese Zunahme war relativ stärker als die Umsatzzunahme.

Die Cashflow-Kennzahl „Verschuldungsfaktor"

Der Verschuldungsfaktor ist eine andere Cashflow-Kennzahl und zeigt, wie oft der letzte Cashflow zur Abzahlung der Gesamtverschuldung bzw. Nettoverschuldung benötigt wird.

Verschuldungs-faktor

$$\text{Verschuldungsfaktor} = \frac{\text{Gesamtverschuldung (Nettoverschuldung)}}{\text{Cashflow}}$$

65

Die Nettoverschuldung ergibt sich, wenn vom gesamten kurz-, mittel- und langfristigen Fremdkapital die liquiden Mittel und Forderungen abgezogen werden.

> **Achtung:**
> Je geringer der Verschuldungsfaktor, desto schneller kann die Verschuldung abgebaut werden. Dies bedeutet natürlich mehr Sicherheit für die Gläubiger.

Verschuldungs-
faktor

Eine Verschlechterung der finanziellen Lage eines Unternehmens tritt ein, wenn die Verschuldung wächst und der Cashflow sinkt. Die Verschuldung im Zähler des Bruchs steigt, gleichzeitig sinkt der Cashflow im Nenner des Bruchs. Wenn Sie für die letzten Jahre den Verschuldungsfaktor Ihres Unternehmens ermitteln, dann sehen Sie leicht, ob die Sicherheit oder das Risiko zugenommen hat.

Die Kennzahl „Investitionen zu Umsatz"

Die Bruttoinvestitionen setzen sich aus den Ersatz- und den Erweiterungsinvestitionen zusammen. Die Abnützung des Produktionsapparats wird in den Abschreibungen erfasst, die somit die Ersatzinvestitionen ermöglichen.

Die Anlagenzugänge (brutto) sollen größer sein als die Anlagenabgänge plus Abschreibungen. Die jährlichen Neuanschaffungen müssen über den Abschreibungen liegen, wenn ein Unternehmen ein langfristiges Unternehmenswachstum erreichen will. Wenn die Bruttoinvestitionen um die Ersatzinvestitionen vermindert werden, dann erhält man die Nettoinvestitionen (Erweiterungsinvestitionen).

Investitionen zu
Umsatz

Die Kennzahl „Investitionen zu Umsatz" ist ein Maßstab dafür, in welchem Umfang ein Unternehmen investiert und damit künftig wächst. Werden finanzielle Mittel in Sachanlagen investiert, dann werden die Voraussetzungen für ein späteres internes Unternehmenswachstum geschaffen, d. h. das Wachstum erfolgt aus dem Unternehmen heraus und nicht über Firmenaufkäufe.

Die folgende Kennziffer sollte über mehrere Jahre gebildet und mit der Branche und wichtigen Konkurrenten verglichen werden.

$$\frac{\text{Investitionen eines Jahres}}{\text{Jahresumsatz}} = \dots \%$$

Die Kennziffer, „Investitionen zu Cashflow" gibt an, inwieweit ein Unternehmen die Ersatz- und Erweiterungsinvestitionen über die Innenfinanzierung, aus dem Umsatzprozess heraus, finanzieren kann.

Investitionen zu Cashflow

$$\frac{\text{Investitionen (Nettoinvestitionen)}}{\text{Cashflow}} = ... \%$$

3.4 Die Kennzahlen „Market Value Added" und „Economic Value Added"

Erhöht das Management den Unternehmenswert? Die beiden Kennzahlen „Market Value Added" (MVA) und „Economic Value Added" (EVA) beantworten diese Frage auf jeweils verschiedene Art.

Market value added (MVA)

Bei dieser Kennzahl wird die Differenz zwischen dem Marktwert eines Unternehmens und dem Wert seines Geschäftsvermögens ermittelt. Der Market value added beziffert damit den vom Unternehmen geschaffenen Wert.

Marktwert des Unternehmens – Geschäftsvermögen = MVA

Achtung:
Der MVA ist positiv, wenn ein Unternehmen seinen Wert erhöht hat. Ein negativer MVA zeigt, dass Werte vernichtet wurden.

Der MVA ergibt sich, wenn vom derzeitigen Börsenwert des Unternehmens der Betrag abgezogen wird, den Aktionäre und Banken insgesamt in das Unternehmen investiert haben. Der Markt- bzw. Börsenwert unterliegt Schwankungen. Beurteilen die Aktionäre die Geschäftspolitik eines Unternehmens günstig, dann kaufen sie Aktien, die Kurse und der Börsenwert des Unternehmens steigen. Der MVA schwankt also mit dem Kurs der Aktie. Er kann deshalb niemals eine Grundlage für operative Entscheidungen des Unternehmens sein.

Abhängigkeit vom Aktienkurs

67

Economic value added (EVA)

Der MVA bedarf der Ergänzung durch die Kennzahl Economic Value Added (EVA). Diese Kennzahl gibt an, inwieweit das Management Wohlstand für die Eigentümer des Unternehmens schaffen konnte. Der EVA errechnet sich aus der Differenz zwischen dem Gesamtergebnis und den Kapitalkosten, wobei sich das Gesamtergebnis aus der Gewinn- und Verlustrechnung ergibt; das Geschäftsvermögen der Bilanz bildet die Bezugsbasis für die Kapitalkosten (Kosten für Eigen- und Fremdkapital). Der Zinssatz für Fremdkapital ist in der EVA-Rechnung niedriger als der für das Eigenkapital anzusetzen, denn der Aktionär „verlangt" für Aktien eine höhere Rendite als für Anleihen (Risikozuschlag).

Tipp:

Denken Sie auch bei der Berechnung des EVA daran: Stille Reserven erhöhen das Eigenkapital.

Die Kennzahl EVA wird folgendermaßen errechnet:

EVA = Geschäftsergebnis – Kapitalkosten

bzw.

EVA = Betriebsergebnis – Steuern – Kapitalkosten

Der EVA ist eine absolute Zahl, die positiv oder negativ sein kann. Ein positiver Wert bedeutet, dass es dem Unternehmen gelungen ist, die Fremdkapitalzinsen für die Gläubiger und die Renditeforderungen der Aktionäre am Markt erwirtschaftet zu haben. Der EVA zeigt damit, welche Werte ein Projekt, ein Geschäftsbereich oder das ganze Unternehmen in einem Jahr geschaffen haben.

Achtung:

Der EVA zeigt die echte Leistung von Managern und erlaubt auch einen Vergleich mit Konkurrenzunternehmen.

Sie können das EVA-Verfahren noch verfeinern, wenn Sie die Daten der Bilanz und der Gewinn- und Verlustrechnung durch bestimmte Korrekturen mehr an die Wirklichkeit anpassen. In der Bilanz ist das ausgewiesene investierte Vermögen um Kundenanzahlungen und Verbindlichkeiten aus Lieferungen und Leistungen zu vermindern, weil diese Beträge dem Unternehmen zinslos zur Verfügung stehen.

Andererseits sind gewisse aktivierte Vorleistungen zum Geschäftsvermögen zu addieren, weil diese Beträge in der Handelsbilanz als Aufwand erfasst wurden, obwohl sie Investitionen sind. Ausgaben für Forschung und Entwicklung und bestimmte Maßnahmen im Bereich von Marketing und Werbung gehören hierher.

Geschäftsvermögen aus korrigierter Bilanz:

Investiertes Vermögen laut Bilanz	... €
– Kundenanzahlungen	... €
– Verbindlichkeiten aus Lieferungen und Leistungen	... €
+ Aktivierte Vorleistungen	... €
± außerordentliche Gewinne (Verluste) aus der Veräußerung von Geschäftsanteilen oder Restrukturierungsmaßnahmen	... €
+ Abschreibungen auf Forderungen, Abnahme von Vorräten	... €
= Geschäftsvermögen	... €

Aus der Gewinn- und Verlustrechnung werden die Zinsaufwendungen für Fremdkapital herausgerechnet, da im EVA-Verfahren Kosten der Finanzierung für Eigenkapital und Fremdkapital anzusetzen sind. Ferner sind Gewinne und Verluste aus der Veräußerung von Unternehmen und Beteiligungen, die das Geschäftsergebnis einmalig stark belasten können, herauszurechnen.

Geschäftsergebnis aus korrigierter Gewinn- und Verlustrechnung:

Geschäftsergebnis vor Steuern	... €
+ Zinsaufwendungen aus der Fremdfinanzierung	... €
± außerordentliche Gewinne (Verluste) aus der Veräußerung von Geschäftsanteilen, Restrukturierungsmaßnahmen	... €
= Geschäftsvermögen vor Steuern	... €
– Steuern	... €
= Geschäftsergebnis	... €

Die Vorteile der Kennzahl „Economic value added (EVA)"

- Es gibt die Möglichkeit der Anknüpfung an das Rechnungswesen und die aktuelle Berichterstattung im Unternehmen.
- Die Konzeption des Geschäftswertbeitrages schafft eine Kommunikation von Führungskräften und Sachbearbeitern.
- Der EVA enthält weniger Schätzgrößen als der Discounted Cashflow (DCF).

3.5   Wertschöpfung und Shareholder Value

Wertschöpfung   Die Wertschöpfung kann für ein Unternehmen, eine Wirtschaftsbranche und die gesamte Volkswirtschaft ermittelt werden. Die betriebliche Wertschöpfung ist die wirtschaftliche Leistung, die ein Unternehmen in einer Periode selbst geschaffen hat. Dieser Wertzuwachs ist die Differenz zwischen der Gesamtleistung des Unternehmens und den Vorleistungen von Lieferanten sowie der Abschreibungen.

Die Wertschöpfung ergibt sich folgendermaßen:

Gesamtleistung

   – Lieferungen
   – Dienstleistungen
   – Sonstige Aufwendungen
   – Abschreibungen

= Wertschöpfung

Vorteile der Wertschöpfungskennzahl

„Veredlungs-leistung"   Die Wertschöpfung, auch „Veredlungsleistung" genannt, kann dann Maßstab für die Produktivitätsmessung sein, wenn keine eindeutige Aussage über die mengenmäßige Gesamtleistung möglich ist, z. B. aufgrund einer sehr differenzierten Produktpalette. Der Vorteil der Wertschöpfung liegt auch darin, dass sie für verschiedene Wirtschaftszweige angewandt werden kann und die Ergebnisse trotzdem miteinander vergleichbar sind.

Wertschöpfungsrechnung

Die betriebliche Wertschöpfung kann im Rahmen der Bilanzanalyse aus der Gewinn- und Verlustrechnung hergeleitet werden. Zur Berechnung der Gesamtleistung brauchen Sie die Umsatzerlöse und die Bestandsveränderungen. Wenn Sie alle sonstigen Erträge hinzurechnen, erhalten Sie die Unternehmensleistung (auch als Produktionswert bezeichnet). Davon werden die von anderen Unternehmen bezogenen Vorleistungen abgezogen, die Aufwendungen für Roh-, Hilfs- und Betriebsstoffe sowie für Fertigteile von anderen Unternehmen. Auch Dienstleistungen von Dritten sind bei den Vorleistungen zu berücksichtigen. Von der so ermittelten Bruttowertschöpfung müssen Sie dann die Abschreibungen auf Sachanlagen abziehen, um die Nettowertschöpfung zu erhalten. Die Nettowertschöpfung gibt den genauen Betrag über den geschaffenen Mehrwert („zu Marktpreisen") wieder.

Und so ermitteln Sie die Wertschöpfung genau:

Umsatzerlöse

+ Erhöhung (bzw. Verminderung -) des Bestands an fertigen und unfertigen Erzeugnissen

+ selbsterstellte Anlagen

= **Gesamtleistung**

+ alle anderen Erträge

= **Unternehmensleistung**

– Aufwendungen für Roh-, Hilfs- und Betriebsstoffe

– fremde Aggregate

– Dienstleistungen

= **Bruttowertschöpfung**

– Abschreibungen

= **Wertschöpfung (Nettowertschöpfung)**

Die Wertschöpfungsrechnung kann auch von der Verteilungsseite ausgehen. Dann entspricht die betriebliche Wertschöpfung der Summe aller Einkommen der am Produktionsprozess Beteiligten zuzüglich Steuern und Kreditzinsen. Sie zeigt damit deutlich, welche materiellen Leistungen ein Unternehmen erbringt.

So kann die Wertschöpfung verwendet werden

Unternehmen selbst	• Bildung von offenen Rücklagen • Bildung von stillen Reserven (= stille Selbstfinanzierung)
Eigentümer	• Gewinn
Gesellschafter	• Gewinnanteile
Aktionäre	• Dividenden
Mitarbeiter	• Löhne, Gehälter • soziale Aufwendungen • Aufwendungen zur betrieblichen Altersversorgung • Maßnahmen zur Aus- und Weiterbildung
Darlehensgeber	• Zinsen
Öffentliche Hand	• Steuern vom Einkommen, Ertrag und Vermögen • Abgaben

So bestimmen Sie mit dem Shareholder Value den Unternehmenswert

Diese Kennzahl ist heute – neben der Kapital- und Umsatzrentabilität – zu einem sehr wichtigen Erfolgsmaßstab für ein Unternehmen geworden.

Der Shareholder Value

Der Shareholder Value ist der Wert, den ein Unternehmen für seine Eigentümer hat, und zwar in einer langfristigen Perspektive gesehen.

Management-
konzept

Der Shareholder Value ist aber mehr als nur eine Kennzahl: Dahinter steht ein Managementkonzept, dessen Ziel ist, diesen Wert zu erhöhen. Dabei werden die Aktionäre in den Mittelpunkt gerückt: Sie finanzieren das Unternehmen und tragen das Risiko, für sie muss der Unternehmenswert langfristig gesteigert werden. Ein Unternehmen, das sich um die Wertentwicklung des Vermögens kümmert, zieht (neue) Aktionäre und damit Anlagegelder an – was sich wiederum positiv auf das Unternehmen auswirkt, da mit dem erhöhten Kapital expandiert werden kann. Der Shareholder Value ist damit vornehmlich auf Aktiengesellschaften anzuwenden.

Achtung:
Wenn die langfristige Wertsteigerung eines Unternehmens hoch ist, dann ist auch die durchschnittliche jährliche Kurssteigerung der Aktie hoch.

Die Grundformel des Shareholder Value

Der Wert eines Unternehmens ergibt sich aus der Summe des Eigenkapitals („Eigentümerwert") und des Fremdkapitals.

Unternehmenswert = Eigenkapital + Fremdkapital

Da der Shareholder Value dem Eigenkapitalanteil entspricht, errechnet er sich aus der Differenz zwischen Unternehmenswert und Fremdkapital. Den Shareholder Value erhalten Sie, wenn Sie vom Unternehmenswert das Fremdkapital abziehen.

Shareholder Value = Unternehmenswert – Fremdkapital

Wenn Sie den Shareholder Value bestimmen wollen, dann müssen Sie zuerst den Wert des Gesamtunternehmens bzw. der Geschäftseinheit errechnen. Da mit dem Shareholder Value jedoch ein Wert gemeint ist, der über mehrere Jahre geschaffen wird, können Sie ihn nicht einfach gleichsetzen mit dem von den Eigentümern eingebrachten Kapital oder den Anteilen der Aktionäre. Sie müssen den Unternehmenswert aus dem Gegenwartswert der betrieblichen Cashflows (= Discounted Cashflows) und dem Residualwert errechnen. Dazu müssen Sie auch den Kapitalkostensatz ermitteln.

Wie werden die betrieblichen Cashflows ermittelt?

Die Kennzahl Cashflow erhalten Sie, wenn Sie von den jährlichen Einzahlungen die Auszahlungen abziehen (siehe Seite 61). Die Differenz sind die verfügbaren Zahlungsmittel des betreffenden Geschäftsjahrs.
Für die Ermittlung des Shareholder Values müssen Sie die Cashflows mehrerer Jahre heranziehen. Die Cashflows der einzelnen Jahre sind dann auf die Gegenwart abzuzinsen, und zwar mit dem Kapitalkos-

tensatz. Der Kapitalkostensatz ist das gewogene Mittel von Eigenkapital- und Fremdkapitalkosten (Berechnung Seite 75).

Das folgende Beispiel zeigt Ihnen die betrieblichen Cashflows eines Unternehmens in einem Prognosezeitraum von vier Jahren. Die Cashflows werden mit einem Kapitalkostensatz von 15 % auf die Gegenwart abgezinst.

Jahr	Cashflow	Kapital-kostensatz	Cashflow	Summe der Cashflows
		15 %	abgezinst	abgezinst
1	100.000	0,86957	86.957	86.957
2	140.000	0,75614	105.860	192.817
3	180.000	0,65752	118.354	311.171
4	200.000	0,57175	114.350	425.521

$$\text{Diskontierungsfaktor} = \frac{1}{(1 + 0,15)^n}$$

Die gesamten diskontierten Cashflows des Unternehmens betragen 425.521 €.

Achtung:
Wenn eine Investition eine Rendite erwirtschaftet, die über den Kapitalkosten liegt, dann wird Shareholder Value geschaffen. Erzielt eine Investition aber nur eine Rendite, die unter den Kapitalkosten liegt, dann führt dies zu einer Vernichtung von Shareholder Value.

Wie wird der Kapitalkostensatz bestimmt?

Der Kapitalkostensatz erfasst die Renditeanforderungen der Eigenkapitalgeber und der Kreditgeber. Seine Höhe ist zum einen von den Kosten für Eigen- und Fremdkapital abhängig und zum anderen vom Verhältnis Eigenkapital zu Fremdkapital, der Kapitalstruktur.

Für den Shareholder Value sind die derzeitigen Marktwerte für Eigenkapital und Fremdkapital anzusetzen, d. h. die Fremdkapitalkosten für eine Investition sind aus den zukünftigen Kosten, nicht aus den Kosten der Vergangenheit zu bilden. Sie können die Fremdkapitalkosten nach Steuern nehmen, weil Fremdkapitalzinsen steuerlich abzugsfähig sind.

Die Eigenkapitalkosten sind schwieriger zu ermitteln, weil hier keine Vertragsgrundlage hinsichtlich der Höhe besteht. Eine sinnvolle Ausgangsbasis ist die Rendite für langfristige Bundesanleihen. Hier ist das Zinsrisiko niedrig eingestuft und die erwartete Inflationsrate ist im Zinssatz berücksichtigt. Da das Risiko einer Investition im Unternehmen jedoch größer ist, kommt noch eine Risikoprämie als Entschädigung hinzu. *Eigenkapitalkosten*

Eigenkapitalkosten (Schätzwert) = Rendite für Bundesanleihen + Risikoprämie

Wenn etwa der Zinssatz für Bundesanleihen 6 % beträgt und die Anleger für den Einsatz des Kapitals in einem risikobehafteten Investment 4 % ansetzen, dann ergeben sich Eigenkapitalkosten von 10 %.

Beispiel: Berechnung des Kapitalkostensatzes

Es werden Fremdkapitalkosten von 8 % nach Steuern und Eigenkapitalkosten von 16 % zu Grunde gelegt. Das Verhältnis von Eigenkapital zu Fremdkapital beträgt 60 % zu 40 %.

	Gewichtung	Kosten	gewichtete Kosten
Eigenkapital	60 %	16 %	9,6 %
Fremdkapital	40 %	8 %	3,2 %
Kapitalkostensatz			12,8 %

Der Kapitalkostensatz beträgt damit 12,8 %.

Was versteht man unter dem Residualwert?

Der Unternehmenswert setzt sich aus den diskontierten Cashflow-Werten der Planperiode und dem Residualwert zusammen. Der Residualwert wird von der Wettbewerbsposition des Unternehmens am Ende der Prognoseperiode bestimmt. Er ist notwendig anzusetzen, weil ein Unternehmen Reserven schaffen kann, die nicht durch die betrieblichen Cashflows der einzelnen Jahre erfasst werden.

Ein hoher Residualwert ergibt sich, wenn ein Unternehmen im Prognosezeitraum erhebliche finanzielle Mittel in seine langfristige Wettbewerbsfähigkeit investiert hat. So kann es die Entwicklung neuer Produkte stark fördern, die Marketingausgaben steigern und Kapazitäten ausbauen. Alle diese Maßnahmen stärken die langfristige Wettbewerbsfähigkeit des Unternehmens, zeigen sich aber nur begrenzt im Cashflow.

Ermittlung des Residualwertes

Schätzung des Residualwertes

Der Residualwert ist in der Regel größer als die diskontierten Cashflow-Werte der gesamten Planperiode. Den Residualwert können nen Sie zwar nicht nach einer bestimmten Formel berechnen, aber es gibt verschiedene Verfahren zu seiner Schätzung. Die Methode der „ewigen Rente" führt meistens zu brauchbaren Ergebnissen.

„Ewige Rente"

Der „ewigen Rente" entspricht der „ewige Cashflow", wenn jährlich ein Cashflow in genau der Höhe der Kapitalkosten für eine Investition anfällt. Nach der folgenden Formel erhalten Sie den Gegenwartswert einer ewigen Rente:

$$\text{Gegenwartswert der ewigen Rente} = \frac{\text{Jährlicher Cashflow}}{\text{Rendite}}$$

Residualwert

Nach der Methode der „ewigen Rente" können Sie auch den Gegenwartswert des Residualwertes ermitteln, indem Sie den „ewigen Cashflow" durch den Kapitalkostensatz dividieren.

$$\text{Residualwert} = \frac{\text{Ewiger Cashflow}}{\text{Kapitalkostensatz}}$$

Beispiel:

Ein Unternehmen erwirtschaftete im letzten Jahr einen Cashflow von 700.000 €. Wenn das Unternehmen auch in Zukunft jährlich diesen Betrag erzielt („ewiger Cashflow"), dann ergibt sich bei einem Kapitalkostensatz von 10 % ein Residualwert von 7 Mio. €.

$$\text{Residualwert} = \frac{700.000}{0,10} = 7.000.000 \, €$$

Diese Berechnung gilt für den Fall, dass das Unternehmen fortgeführt wird. Trifft dies nicht zu, dann ist der Liquidationswert anzusetzen.

Wie lässt sich der Shareholder Value ermitteln und beeinflussen?

Unternehmen, die den Shareholder-Value-Ansatz zum Prinzip er-   Unternehmens-
hoben haben, verfolgen das Ziel der langfristigen Unternehmens-   wertsteigerung
wertsteigerung. So orientieren sie sich nach dem Kapitalwert, um
einen positiven Beitrag zum Unternehmenswert zu erbringen. Die
Rentabilitätskennzahlen werden den Kapitalkosten gegenübergestellt, wobei von einem risikoreicheren Geschäftsbereich auch eine
höhere Rendite erwartet wird.
Die Unternehmen versuchen auch, den Wert einzelner Geschäftsbereiche zu maximieren, um so den Gesamtwert des Unternehmens zu
steigern. So werden Geschäfts- bzw. Unternehmensbereiche nach
dem Cashflow-Rückfluss des eingesetzten Kapitals beurteilt.

Der Shareholder Value

Der geschaffene Shareholder Value zeigt die Wertveränderung während der Planperiode.

Die Berechnung des Shareholder Value in sieben Schritten

1. Cashflows der einzelnen Jahre des Prognosezeitraumes berechnen
2. Cashflows mit dem Kapitalkostensatz auf die Gegenwart abdiskontieren
3. Summe der abgezinsten Cashflows ermitteln
4. Gegenwartswert des Residualwertes berechnen
5. Cashflow-Summe zuzüglich Gegenwartswert des Residualwertes
   bilden
6. Börsenfähige Wertpapiere zur gebildeten Summe hinzuzählen
7. Fremdkapital abziehen

Der verbleibende Betrag ist der Shareholder Value.

Maßnahmen zur Erhöhung des Shareholder Value

Unternehmenswert und Shareholder Value können durch verschiedene Maßnahmen erhöht werden:

- Das Unternehmen wird in strategische Geschäftseinheiten aufgeteilt. Jede Geschäftseinheit ermittelt für mehrere Jahre den Cashflow.
- Für jede Geschäftseinheit werden die Kapitalkosten errechnet (Eigenkapital und Fremdkapital berücksichtigen!). Den Wert einer Geschäftseinheit können Sie feststellen, wenn Sie die erwarteten Cashflows und die Kapitalkosten abdiskontieren. Der derzeitige Wert jeder Geschäftseinheit bildet dann die Bezugsbasis für die Strategien.
- Die Höhe des Cashflows jeder Geschäftseinheit wird durch bestimmte Schlüsselfaktoren, so genannte Key Performance Indicators, bestimmt. Ein solcher Key Performance Indicator ist im Einzelhandel z. B. der Umsatz pro Quadratmeter Verkaufsfläche.
- Diese Schlüsselfaktoren müssen Sie durch Ihr Berichtswesen erfassen und laufend beobachten.
- Für die Mitarbeiter schaffen Sie einen Anreiz, wenn Sie die Bezahlung mit der Entwicklung der Schlüsselfaktoren verknüpfen. Je erfolgsabhängiger das Management bezahlt wird, desto mehr wird es sich um Erfolg und damit Gewinn bemühen.

Management nach dem Shareholder-Value-Prinzip

Die Optimierung des Unternehmenswerts im Sinne des Shareholder Value findet bei Publikumsgesellschaften verstärkt Beachtung. Aktionäre haben naturgemäß ein starkes Interesse an einem hohen Shareholder Value. Dazu vergleichen sie die Unternehmen einer Wirtschaftsbranche inzwischen auch weltweit. Angelsächsische Eigentümer üben dabei eine viel stärkere Kontrolle aus als deutsche Aktionäre. Vor diesem Hintergrund beurteilen institutionelle Anleger – wie ausländische Pensionsfonds, Investmentfonds und Versicherungen – Manager zunehmend danach, inwieweit sie langfristig den Unternehmenswert steigern können. Sie erwarten hohe Renditen und langfristige Strategien.

> **Das Shareholder-Value-Prinzip**
>
> Das Shareholder-Value-Prinzip bedeutet die konsequente Anwendung eines Wertmanagements. Im Zentrum der Überlegungen steht, dass das eingesetzte Gesamtkapital eine höhere Rendite als die Kapitalkosten abwirft. Maßstab dafür ist der Cashflow in Prozent des investierten Kapitals.

Ein Konzern muss sich auf die Geschäftsbereiche konzentrieren, in denen er besonders erfolgreich ist. Die geschäftlichen Aktivitäten müssen immer wieder neu nach den kritischen Erfolgsfaktoren und Kernkompetenzen ausgerichtet werden. Geschäftsbereiche, die den langfristigen Unternehmenserfolg gefährden oder gar Werte zerstören, sind zu restrukturieren oder zu veräußern.

Konsequenzen des Shareholder-Value-Prinzips

Unternehmen, die keine Werte schaffen, werden langfristig nicht überleben. Bei einer schlechten Eigenkapital- und Umsatzrendite gehen Manager kaum Wagnisse ein und scheuen es, Innovationen zu finanzieren, weil das Unternehmen bei nachlassenden Auftragseingängen rasch in die Verlustzone gerät. Investieren Unternehmen wenig in Forschung und Entwicklung, sparen sie zwar kurzfristig Kosten, langfristig schwächen sie aber ihre Marktposition noch mehr. Wo Shareholder Value vernichtet wird, werden in der Regel auch Arbeitsplätze abgebaut.

Die Grenzen des Shareholder Value

Die Grenzen des Shareholder Value liegen auf der Hand. Monetäres Kapital ist nicht das einzige Potenzial, über das ein Unternehmen verfügt. Das heißt, über die Interessen der Aktionäre dürfen die der Mitarbeiter, Lieferanten und Kunden nicht vergessen werden. Manager müssen außer Kapitalinteressen auch Verantwortung für die Gesellschaft übernehmen.

3.6   Die kurzfristige Erfolgsrechnung

Ein Controllinginstrument, das Führungskräfte im operativen Geschäft aktuell unterrichten kann, ist die kurzfristige Erfolgsrechnung. In der Regel wird sie monatlich oder quartalsweise erstellt und zeigt in übersichtlicher und aussagefähiger Form das kurzfristige Betriebsergebnis. Damit haben Sie ein wichtiges Instrument zur Steuerung und Planung, das Sie aktueller informiert als die Bilanz oder die Gewinn- und Verlustrechnung. Eine realitätsnahe kurzfristige Erfolgsrechnung setzt allerdings eine Kostenrechnung mit einer Kostenarten-, Kostenstellen- und Kostenträgerrechnung voraus.

Ermittlung von Gesamterfolg und Betriebsergebnis

Den Gesamterfolg eines Unternehmens ermittelt die Gewinn- und Verlustrechnung. Die Kosten- und Leistungsrechnung wiederum gliedert den Gesamterfolg in das eigentliche Betriebsergebnis und das neutrale Ergebnis. Für die Beurteilung des eigentlichen Betriebszwecks ist es notwendig, die außerordentlichen, periodenfremden und betriebsfremden Aufwendungen und Erträge abzugrenzen. Der Betriebserfolg ist rein betriebsbezogen und übernimmt aus der Finanzbuchführung auch nur die entsprechenden Aufwendungen und Erträge. Diese Trennung betriebsbedingter und neutraler Aufwendungen/Erträge wird – meist außerhalb der Buchführung – statistisch in der Abgrenzungstabelle durchgeführt.

Kostenträger-rechnung

In der Kostenträgerrechnung werden die einzelnen Kosten den Produkten zugerechnet. Sie gliedert sich in die Kostenstückrechnung (= Kalkulation) und die Kostenträgerzeitrechnung (= Erfolgsrechnung). In der Kalkulation wird ermittelt, wie hoch die Kosten einzelner Waren oder ganzer Warengruppen sind.

Kosten- und Leistungsrechnung

* Kostenartenrechnung – Welche Kosten sind angefallen?
* Kostenstellenrechnung – Wo sind die Kosten entstanden?
* Kostenträgerrechnung – Wofür sind die Kosten angefallen?
  – Kostenträgerstückrechnung (= Kalkulation)
  – Kostenträgerzeitrechnung (= Erfolgsrechnung)

Während die Kalkulation die Kosten für einzelne Produkte ermittelt, berechnet die kurzfristige Erfolgsrechnung die Gesamtperiodenkosten nach Kostenträgern gegliedert und stellt ihnen die Gesamtperiodenleistung gegenüber (Umsatzerlöse – Kosten = kurzfristiger Betriebserfolg). Sie ist ein wichtiges Steuerungsinstrument im Controlling und bezieht sich stets auf einen Zeitraum, meist einen Monat oder ein Quartal. Die kurzfristige Erfolgsrechnung geht von den gesamten Umsatzerlösen aus und subtrahiert unter Berücksichtigung der Bestandsveränderungen die gesamten Kosten. Die Gegenüberstellung der Verkaufserlöse und der angefallenen Kosten zeigt die Ertragskraft des Unternehmens insgesamt und die der einzelnen Kostenträger.

Kurzfristige Erfolgsrechnung

| Tipp:

In der kurzfristigen Erfolgsrechnung ist eine Aufgliederung nach Produktgruppen, Verkaufsgebieten und Kundengruppen möglich.

Gesamtkostenverfahren und Umsatzkostenverfahren

Beide Instrumente, die Gewinn- und Verlustrechnung sowie die kurzfristige Erfolgsrechnung, können Sie nach dem Gesamtkostenverfahren durchführen. Es ist als Vollkostenrechnung und als Deckungsbeitragsrechnung möglich (siehe auch Kapitel 5.2).
Die kurzfristige Erfolgsrechnung auf Vollkostenbasis nach dem Gesamtkostenverfahren geht nach den gleichen Kriterien wie die Gewinn- und Verlustrechnung der Finanzbuchführung vor. Bezugsbasis ist in beiden Fällen die Gesamtleistung des Unternehmens. Nachteilig bei diesem Verfahrens ist, dass sich die Umsatzerlöse auf die verkauften Mengen beziehen, die Kosten dagegen auf die hergestellte Menge. Deshalb sind die Bestandsveränderungen an fertigen und unfertigen Erzeugnissen zu berücksichtigen. In der folgenden Übersicht sind die Vollkostenrechnung und die Deckungsbeitragsrechnung einander gegenübergestellt:

Gesamtkostenverfahren

Vollkostenrechnung	Deckungsbeitragsrechnung
Umsatzerlöse der Periode	Umsatzerlöse der Periode
+/– Bestandsveränderungen an fertigen und unfertigen Erzeugnissen	+/– Bestandsveränderungen an fertigen und unfertigen Erzeugnissen
= Gesamtleistung der Periode	= Gesamtleistung der Periode
– Kosten der Periode	– variable Kosten der Periode
= Betriebsergebnis der Periode	= Deckungsbeitrag der Periode
	– fixe Kosten der Periode
	= Betriebsergebnis der Periode

Achtung:
Die Vollkostenrechnung wird für die Bestandsbewertung in der Bilanz und die Ermittlung des Betriebserfolges benötigt. Die Deckungsbeitragsrechnung eignet sich dagegen besser für die Wirtschaftlichkeitskontrolle und unternehmerische Entscheidungen.

Umsatzkosten-
verfahren

Das Umsatzkostenverfahren geht von der abgesetzten Leistung der Periode aus und rechnet ihr die entstandenen Kosten zu. Dabei werden den verkauften Produkten die entsprechenden Kosten zugeordnet. Dies ermöglicht einen Einblick in die Ertragskraft der einzelnen Produkte.

Für die Entscheidungsfindung eignet sich besonders das Umsatzkostenverfahren in Verbindung mit der Deckungsbeitragsrechnung:

Umsatzerlöse der Periode
– variable Kosten der Periode
= Deckungsbeitrag
– fixe Kosten
= Betriebsergebnis der Peride

Eine detaillierte Darstellung des Umsatzkostenverfahrens in Verbindung mit der Deckungsbeitragsrechnung geht von den Bruttoumsatzerlösen der Periode aus. Wenn Sie die Erlösschmälerungen Skonti, Boni und Rücksendungen abziehen, dann sind Sie bei den Nettoumsatzerlösen. Werden auch die variablen Kosten (Fertigungsmaterial, Fertigungslöhne, Fremdleistungen, Verpackung) abgezogen, dann erhalten Sie den Deckungsbeitrag I. Wenn vom Deckungsbeitrag I die den verschiedenen Produkten direkt zurechenbaren fixen Kosten (Materialwirtschaft, Fertigung, Verkauf) abgezogen werden, dann sind Sie beim Deckungsbeitrag II. Nach Abzug der unternehmensfixen Kosten wird das Betriebsergebnis ermittelt. Betriebsergebnis plus neutrales Ergebnis ergibt das Unternehmensergebnis, das in der Gewinn- und Verlustrechnung ausgewiesen wird. Weitere Ausführungen und Berechnungen zum Deckungsbeitrag finden Sie im Kapitel 5.2.

Anhand der Tabelle auf der folgenden Seite können Sie eine kurzfristige Erfolgsrechnung nach dem Umsatzkostenverfahren (mit Deckungsbeitrag I und II) durchführen.

3 Messen und bewerten des Unternehmenserfolgs

Kurzfristige Erfolgsrechnung nach dem Umsatzkostenverfahren

Position	Kurzfristige Erfolgsrechnung	Summe in €	Produktgruppen		
			A	B	C
1	Bruttoumsatzerlöse				
2	Erlösschmälerungen				
3	Nettoumsatzerlöse (Pos. 1 bis 2)				
4	Fertigungsmaterial				
5	Fertigungslöhne				
6	Hilfsstoffe				
7	Fremdleistungen				
8	Verpackungen				
9	Bestandsveränderungen				
10	Variable kosten insgesamt (Pos. 4 bis 9)				
11	Deckungsbeitrag I (Pos. 3 bis 10)				
12	Materialwirtschaft				
13	Fertigung				
14	Verkauf und Marketing				
15	Spezielle Fixkosten (Pos. 12 bis 14)				
16	Deckungsbeitrag II (Pos. 11 bis 15)				
17	Unternehmensleitung				
18	Allgemeine Verwaltung				
19	Finanz- und Rechnungswesen				
20	Allgemeine Fixkosten (Pos. 17 bis 19)				
21	Betriebsergebnis (Pos. 16 bis 20)				
22	Neutrale Erträge				
23	Neutrale Aufwendungen				
24	Neutrales Ergebnis (Pos. 22 bis 23)				
25	Unternehmensergebnis (Pos. 21 + 24)				

3.7   Kennzahlen zur Aktienbewertung

Aktienkennziffern sind keine Kennzahlen im engeren Sinne, die für strategisches oder operatives Führen im Unternehmen unmittelbaren Wert hätten. Da sie aber dennoch Rückschlüsse über den Unternehmenserfolg zulassen, sollen sie an dieser Stelle kurz besprochen werden.

Aktienkennzahlen

Mit Aktienkennzahlen können Sie sowohl einzelne Aktien als auch den Gesamtmarkt bewerten und somit besser beurteilen. Die wichtigsten Aktienkennzahlen sind Gewinn pro Aktie, Dividendenrendite, Ausschüttungsquote und das Kurs-Gewinn-Verhältnis (KGV).

Das Kurs-Gewinn-Verhältnis

Das Kurs-Gewinn-Verhältnis (KGV) gilt als das wichtigste Kriterium dafür, ob eine Aktie billig oder teuer ist. Die Kennzahl stellt eine Verbindung zwischen dem Kaufpreis der Aktie (Börsenkurs) und dem Gewinn einer Aktie pro Jahr her, bestimmt also die relative Kurshöhe der Aktie. Das KGV ermöglicht besonders Vergleiche mit anderen Gesellschaften, dem Branchendurchschnitt und ausländischen Gesellschaften.

Kurshöhe der Aktie

$$KGV = \frac{\text{Aktueller Aktienkurs}}{\text{Gewinn pro Aktie}}$$

Beispiel:
Der Börsenkurs einer Aktie beträgt 110 € und die Aktiengesellschaft weist 100 Mio. € Gewinn aus. Es seien 10 Mio. Aktien ausgegeben. Der Gewinn pro Aktie erreicht folglich 10 €. Es ergibt sich damit ein KGV von 110 €: 10 € = 11.

Das KGV entspricht der in Großbritannien und in den USA üblichen Price/Earning-Ratio = P/E (Marktbewertung einer Aktie). Diese Kennzahl informiert Sie auch darüber, ob das Kursniveau des gesamten Deutschen Aktienindexes (DAX) im Vergleich zu anderen Jahren hoch oder niedrig ist. Bei diesem Verfahren sind die Gewinne

Marktbewertung der Aktie

aller 30 Werte des DAX in Beziehung zum DAX-Index zu setzen. Der langfristige Durchschnitt des KGV liegt bei 12.

Zukunfts-
perspektive

Die Börse nimmt bekanntlich die Zukunft vorweg. Um aussagefähige KGV-Werte zu gewinnen, sollten deshalb bei der Ermittlung der Gewinnzahlen das Vorjahr, das laufende Jahr und die Gewinnschätzungen für das kommende Jahr berücksichtigt werden. Am Beginn eines Konjunkturaufschwunges sind deshalb nicht nur die im Rezessionsjahr erwirtschafteten Gewinne zu beachten. Eine Rolle spielt ferner die Entwicklung der Rendite bei den lang laufenden Anleihen.

> **Tipp:**
> Beziehen Sie in die Analyse des Kurs-Gewinn-Verhältnisses (KGV) ein mögliches Wachstum der Gewinne im kommenden Jahr mit ein.

Der Kurs einer Aktie, der Wert den die Börse registriert, berücksichtigt neben der Etragslage auch Sonderfaktoren wie einen hohen Substanzwert, hohe stille Reserven in Grundstücken und Übernahmephantasie.

Gewinn-
steigerung

Außer der Ertragslage eines Unternehmens sind die jährlichen Gewinnsteigerungen wichtig. Daraus lassen sich die prozentualen Veränderungen des Gewinns je Aktie im Vergleich zum Vorjahr ableiten. Auch die Umsatzwachstumsrate sollte zur Beurteilung einer Aktie herangezogen werden. Eine hohe Ertragsdynamik deutet auf günstige Zukunftsperspektiven hin.

> **Achtung:**
> Eine Aktie mit im Vergleich zum Marktdurchschnitt niedrigem KGV und gleichzeitig hoher Ertragsdynamik hat Chancen auf eine Kurssteigerung.

Die wichtigsten Aktienkennzahlen im Überblick

Neben der Aktienkennzahl „Kurs-Gewinn-Verhältnis" sind auch die folgenden Kennzahlen für die Aktienbewertung hilfreich:

- Gewinn pro Aktie
- Cashflow pro Aktie
- Dividendenrendite
- Ausschüttungsquote

Der Gewinn pro Aktie (engl. „Earnings per share") ist eine Ertragskennzahl, die Ihnen zeigt, wie viel Gewinn das Unternehmen pro Aktie erzielt.

Gewinn pro Aktie

$$\text{Gewinn pro Aktie} = \frac{\text{Gesamtgewinn des Unternehmens}}{\text{Gesamtzahl der Aktien}}$$

Analog lässt sich der Cashflow pro Aktie („Cashflow per share") berechnen. Diese Kennziffer zeigt den Mittelzufluss pro Aktie. Wenn er sich in der Vergangenheit kontinuierlich erhöht hat, dann ist das als positives Kriterium für das Unternehmen zu sehen.

Cashflow pro Aktie

$$\text{Cashflow pro Aktie} = \frac{\text{Gesamter Cashflow des Unternehmens}}{\text{Gesamtzahl der Aktien}}$$

Bei der Dividendenrendite wird die zuletzt gezahlte Dividende ins Verhältnis zum aktuellen Aktienkurs gesetzt. Damit wird die Ausschüttung der AG am aktuellen Preis der Aktie gemessen, was die Verzinsung des Kapitals ergibt. Allerdings ist von der Dividende die Kapitalertragsteuer abzuziehen, die der Aktionär zahlen muss.

Dividendenrendite

$$\text{Dividendenrendite} = \frac{\text{Nettodividende} \times 100}{\text{Kurs der Aktie}}$$

Beispiel:

Eine Aktiengesellschaft zahlte bei der letzten Ausschüttung an die Aktionäre eine Dividende von 2 € bei einem Kurs von 27 €. Von der Dividende von 2 € wird 25 % Kapitalertragssteuer abgezogen, so dass der Aktionär 1,5 € erhält, die dann noch nach dem Halbeinkünfteverfahren zur Hälfte zu versteuern sind.

$$\text{Dividendenrendite} = \frac{1,5 \times 100}{27} = 5,55\ \%$$

Die Dividendenrendite zeigt nicht nur die Verzinsung einer Aktie, sie ist ebenfalls ein Maßstab dafür, ob eine Aktie billig oder teuer ist. Fällt die Dividendenrendite stark, dann hat sich entweder die Ertragslage der Gesellschaft nachhaltig verschlechtert oder der Börsenkurs ist stark gestiegen.

Ausschüttungs-
quote

Die Ausschüttungsquote („pay out ratio") gibt Ihnen an, wie viel Prozent des Gewinns als Dividende ausgeschüttet wurde. Wenn Sie eine Ausschüttungsquote von 64 % berechnet haben, dann wurden 64 % des Gewinns der AG an die Aktionäre ausgeschüttet.

$$\text{Ausschüttungsquote} = \frac{\text{Dividendenzahlung der AG} \times 100}{\text{Gewinn der Aktie}}$$

Börsenkapitalisierung und innerer Wert einer Aktie

Börsenkapitalisierung

Unter der Börsenkapitalisierung versteht man die Bewertung einer Aktiengesellschaft an der Börse. Sie entspricht dem Börsenwert aller umlaufenden Aktien dieser Gesellschaft.

Börsenkapitalisierung = Zahl der umlaufenden Aktien × Aktienkurs

Innerer Wert
einer Aktie

In der Fundamentalanalyse, bei der Unternehmen umfassend nach harten Messdaten bewertet werden, wird auch die Kennzahl „innerer Wert einer Aktie" verwendet. Diese Kennziffer entspricht etwa dem Substanzwert der Aktie, wenn Sie die folgende Formel verwenden. Das Nettovermögen ergibt sich, wenn vom Vermögen die Schulden abgezogen werden.

$$\text{Innerer Wert} = \frac{\text{Nettovermögen} + \text{stille Reserven}}{\text{Zahl der Aktien}}$$

Ertragswert

Der innere Wert der Aktie hängt ferner vom Ertragswert ab, der zukünftigen Ertragssituation der Gesellschaft. Die künftigen Erträge müssten Sie dann auf die Gegenwart abzinsen. Es könnte dann der Mittelwert aus Substanzwert und Ertragswert ermittelt werden. Die dazu notwendigen Daten sind nicht nur mit großer Unsicherheit behaftet, einem Außenstehenden sind solche Informationen erst gar nicht zugänglich.

4 Kennzahlen im Personalbereich

Einen besonderen Beitrag zum Unternehmenserfolg leisten qualifizierte und motivierte Mitarbeiter. Das „Human Resource Management" als ganzheitliches Personalkonzept sieht die Mitarbeiter nicht als Kostenfaktor, sondern als Leistungsträger. Sie sind die Basis für die langfristige Unternehmensentwicklung und deshalb zu fördern.

Das bietet Ihnen dieses Kapitel

In diesem Kapitel erfahren Sie, welchen Beitrag Kennzahlen bei der Planung, Steuerung und Kontrolle im Personalbereich leisten können. Dazu werden u. a. folgende Fragen behandelt:
- Welchen Nutzen haben Messungen im Personalbereich?
- Was sind die wichtigsten Personalkennzahlen?
- Was leisten Kennzahlen für die Planung des Personalbedarfs?
- Wie lässt sich die Mitarbeiterzufriedenheit messen?

4.1 Harte und weiche Messungen im Personalbereich

Warum Messungen im Personalbereich durchführen? Die Antwort liegt auf der Hand: Mitarbeiter sind ein, wenn nicht der wichtigste Erfolgsfaktor eines Unternehmens. Die Fragen, die sich im Rahmen des Personalmanagements stellen können, sind sehr unterschiedlicher Natur und betreffen harte und weiche Faktoren gleichermaßen:
- Wie hoch ist der Personalbedarf?
- Wie viele Mitarbeiter wandern jährlich ab?
- Wie hoch sind Ausfallzeiten (Fehlquoten) und Fluktuation in den einzelnen Abteilungen?
- Wie ist die allgemeine Arbeitsmoral einzuschätzen?
- Wie motiviert sind die Mitarbeiter?
- Welche Anforderungen stellen die Mitarbeiter selbst an das Unternehmen?

- Wie zufrieden sind die Mitarbeiter mit ihrem Arbeitsplatz?
- Wie gut sind unsere Sicherheitsstandards?

Der „gläserne Mitarbeiter" Bei Messungen im Personalbereich kann es nicht darum gehen, den „gläsernen Mitarbeiter" zu erhalten. Aus den vorhandenen Daten und auf Basis von Umfragen können Sie die nötigen Informationen gewinnen, die Ihnen bei der Verfolgung Ihrer Personalziele helfen.

> **Achtung:**
> Mitarbeiter sind das wichtigste Potenzial eines Unternehmens! Wichtige Maßstäbe hierfür sind Mitarbeiterzufriedenheit, Motivation und Kompetenzentwicklung.

Weiche und harte Faktoren aus dem Personalbereich

Mitarbeiterperspektive Zur Messung der Mitarbeiterperspektive benötigen Sie weiche und harte Daten. Letztere sind leichter zu ermitteln und zu beurteilen. Bei den weichen Faktoren sind die Erfassung und die Gewichtung schwieriger, auch spielen mehr subjektive Momente herein.

Die folgende Übersicht zeigt einige wichtige harte und weiche Faktoren aus dem Personalbereich, die den Unternehmenserfolg mit bestimmen. Dabei lassen sich einige der genannten Messbereiche, wie etwa die Mitarbeiterzufriedenheit, noch weiter verfeinern.

Harte Messungen	Weiche Messungen
Produktivitätskennzahlen (Umsatz pro Mitarbeiter etc.)	Kenntnisse und Fähigkeiten der Mitarbeiter
Verfügbarkeitsquote	Bildungsstand der Mitarbeiter
Fehlzeitenquote	Mitarbeiterzufriedenheit
Fluktuationsquote	Unternehmenskultur
Anzahl der Kündigungen	
Pensionsregelungen	
Lohnniveau im Branchenvergleich	
Ausgaben für Weiterbildung	
Anzahl der Schulungsstunden pro Mitarbeiter	
Anzahl eingebrachter/umgesetzter Ideen	

Datenquellen für Messungen im Personalbereich

Die Personalabteilung führt Personalstatistiken mit allen notwendi- Personal-
gen Daten über die Mitarbeiter. Über den einzelnen Mitarbeiter statistiken
unterrichtet Sie die Personalakte. Hier finden Sie:

- Bewerbungsunterlagen (Lebenslauf, Lichtbild, Zeugnisse, Beurteilungen früherer Arbeitgeber, Personalfragebogen)
- Arbeitsvertrag und etwaige Sondervereinbarungen
- Schriftverkehr mit dem Arbeitnehmer
- Einsatz des Mitarbeiters im Unternehmen
- Beurteilungen
- Unterlagen über Bezüge, Urlaub, Krankheiten

Umfragen, Mitarbeitergespräche, Entlassungsgespräche, Interviews Datenquellen
oder Gruppendiskussionen können als Datenquellen für weiche für weiche
Faktoren dienen. Wichtig ist, dass Sie nicht nur konkrete Gelegen- Faktoren
heiten wie ein Entlassungsgespräch oder eine Kündigung nutzen,
um an die nötigen Hintergrundinformationen zu kommen. Auch
das Gespräch unter vier Augen oder kurze Feed-back-Runden in
Teamsitzungen sind nützliche Datenquellen. Denkbar ist auch, dass
Beschwerden von Seiten der Mitarbeiter systematisch erfasst werden.
Besonders informativ sind Umfragen, die regelmäßig durchgeführt
und ausgewertet werden sollten (siehe Kapitel 4.4).

> **Tipp:**
> Nehmen Sie Messungen regelmäßig vor. Das erhöht die Aussagekraft
> der Untersuchung.

Mitarbeiterbeurteilung durch Vorgesetzte

Eine wichtige Aufgabe des Managements ist die Mitarbeiterbeurtei- Leistungs-
lung. Ausgangsbasis hierfür ist das tägliche Leistungsverhalten des beurteilung
Mitarbeiters am Arbeitsplatz. Die Beurteilung des Vorgesetzten hat
wiederum Auswirkungen auf die künftigen Leistungen.

Kriterien der Leistungsbeurteilung

- Arbeitsquantität (Umfang der Arbeitergebnisse, Zeitbedarf)
- Arbeitsqualität (Fehlerquoten, Güte der Arbeit)

- Arbeitseinsatz (Belastbarkeit, Initiative)
- Arbeitssorgfalt (Behandlung der Arbeitsmittel, Zuverlässigkeit)
- betriebliche Zusammenarbeit (Teamarbeit, Informationsaustausch)

Die Mitarbeiterbeurteilung umfasst außer der reinen Fachkompetenz auch die Fähigkeiten zur Teamarbeit und Kooperation sowie Verantwortungsbewusstsein und Selbstständigkeit. Der Vorgesetzte muss den Mitarbeiter über die Quantität und Qualität seiner Arbeitsleistung sowie seine Stärken und Schwächen informieren. Im Beurteilungsgespräch kann der Mitarbeiter seine Argumente darlegen.

Tipp: Bemühen Sie sich um ein objektive Beurteilung

Die objektive Beurteilung von Bewerbern und Mitarbeitern sowie eine klare Stellenbeschreibung sind wichtig, um von vornherein Konflikte zu vermeiden. Objektive Beurteilungen erleichtern ferner die Zusammenarbeit mit dem Betriebsrat, der bei Umstellungen, Versetzungen und Umgruppierungen ein Mitspracherecht hat.

Eignungs- und Entwicklungsbeurteilung

Beurteilung des Entwicklungspotenzials

Ein weiteres wichtiges Instrument im Rahmen der Personalbeurteilung ist die Eignungs- und Entwicklungsbeurteilung. Während die Leistungsbeurteilung die erbrachten Leistungen einer Person in der Vergangenheit untersucht, will die Eignungs- und Entwicklungsbeurteilung das Entwicklungspotenzial einer Person im Hinblick auf zukünftige Aufgaben erschließen. Auch damit haben Sie die Möglichkeit, die Kompetenzen Ihrer Mitarbeiter zu messen.

4.2 Die wichtigsten Personalkennzahlen

In diesem Kapitel werden die folgenden mitarbeiterbezogenen Kennzahlen vorgestellt:

- Verfügbarkeitsquote
- Ausfallzeiten (Leerzeitenquote, Überstundenzuschlagsquote, Zeitverlustquote Kurzarbeit)
- Fehlzeitenquote
- Flukuationsquote

- mitarbeiterbezogene Produktivitätskennzahlen (Umsatz und Gewinn je Mitarbeiter, Leistungsmenge je Mitarbeiter, Wertschöpfung je Mitarbeiter)
- vom Wirtschaftszweig abhängige Kennzahlen (Anlagevermögen pro Beschäftigten, Lohnquote)

Verfügbarkeitsquote der Mitarbeiter

Nur der Mitarbeiter kann Leistung erbringen, der auch im Unternehmen ist. Bei der Verfügbarkeitsquote erscheint im Zähler des Bruches die verfügbare Zeit, vermindert um betriebliche und individuelle Ausfallzeiten; im Nenner ist die verfügbare Zeit einzusetzen.

$$\text{Verfügbarkeitsquote} = \frac{(\text{verfügbare Zeit} - \text{betriebliche und individuelle Ausfallzeiten}) \times 100}{\text{verfügbare Zeit}}$$

Bei der Ermittlung der verfügbaren Zeit müssen Sie von der gesetzlichen bzw. tariflichen Arbeitszeit ausgehen; Bezugsbasis kann hier auch die betriebliche oder individuelle Arbeitszeit sein. Die verfügbare Zeit erhalten Sie, wenn Sie die gesetzlichen oder tariflichen Ausfallzeiten abziehen, auf die das Unternehmen keinen Einfluss hat:

Ermittlung der verfügbaren Zeit

gesetzliche oder tarifliche Arbeitszeit
– gesetzliche oder tarifliche Ausfallzeiten
_____
= **verfügbare Zeit**

Schwieriger zu ermitteln sind die betrieblichen und individuellen Ausfallzeiten.

Leerzeiten
+ Überstundenzuschläge in Zeiteinheiten
+ Verlustzeiten durch Kurzarbeit
+ betriebliche Fehlzeiten
+ individuelle Fehlzeiten
+ Fluktuation
_____
= **betriebliche und individuelle Ausfallzeiten**

So erfassen Sie die Ausfallzeiten

Leerzeitenquote Ausfallzeiten wie Leerzeiten, Überstunden und Kurzarbeit können in gewissem Umfang von der Unternehmensleitung beeinflusst und gesteuert werden. Leerzeiten entstehen durch Unterbrechungen des Betriebsablaufes – z. B. Materialmangel, Unpünktlichkeit – und verursachen Personalkosten ohne Gegenleistung.

Die Leerzeitenquote zeigt Ihnen, wie viel Prozent der verfügbaren Zeit auf Leerzeiten entfällt:

$$\text{Leerzeitenquote} = \frac{\text{Zeit am Arbeitsplatz ohne Arbeit} \times 100}{\text{verfügbare Zeit}}$$

Verlustzeiten Verlustzeiten durch Kurzarbeit oder Überstunden fallen an, wenn die Nachfrage nach Erzeugnissen und Dienstleistungen mit den Kapazitäten bzw. dem Arbeitsangebot der Mitarbeiter nicht übereinstimmen. Bei den Überstunden fallen Zuschläge, bei der Kurzarbeit für die Ausfallzeiten Sozialkosten und in voller Höhe Lohnnebenkosten an. Eine Überstunde und die Kurzarbeitsstunde sind damit im Vergleich zu einer normalen Arbeitsstunde teurer. Entsprechend der Leerzeitenquote lassen sich die Formeln „Überstundenzuschlagsquote" und „Zeitverlustquote Kurzarbeit" bilden.

$$\text{Überstundenzuschlagsquote} = \frac{\text{Überstundenzuschläge in Zeiteinheiten} \times 100}{\text{vereinbarte Arbeitszeit}}$$

$$\text{Zeitverlustquote Kurzarbeit} = \frac{\text{Kurzarbeitsstunden} \times 100}{\text{verfügbare Arbeitszeit}}$$

Tipp: Gestalten Sie die Arbeitszeiten flexibel

Eine bessere Anpassung des Arbeitsangebots an die Nachfrage können Sie durch mehr Flexibilität in den Arbeitszeiten erreichen, z. B. durch die Vorgabe einer Mindest- und Maximalarbeitszeit pro Tag, Woche, Monat oder Jahr oder durch Schaffung und Ausgleich von Zeitguthaben. Aber auch Teilzeitmodelle oder die Vergabe bestimmter Tätigkeiten an Externe (freie Mitarbeiter) oder flexibel gestaltete Telearbeit kann Ihren Handlungsspielraum erweitern.

Die Personalkennzahl Fehlzeitenquote

Die Abwesenheit vom Arbeitsplatz, so genannte Fehlzeit, ist eine   Fehlzeiten
weitere Verlustquelle für ein Unternehmen. Die Fehlzeitenquote ist
die Zahl der Fehlarbeitstage zur Zahl der maximal möglichen Arbeitstage aller Belegschaftsmitglieder:

$$\text{Fehlzeitenquote} = \frac{\text{versäumte Arbeitstage im Jahr} \times 100}{\text{mögliche Arbeitstage im Jahr}}$$

Die Fehlzeitenquote kann weiter aufgegliedert werden in Krankheit,
Unfall, Mutterschutz und Weiterbildung. In Ländern mit Lohnfort-
zahlung ist die Fehlzeitenquote höher. Der Übergang zwischen
krank sein, kränkeln und „krank feiern" ist fließend. Individuelle
physische oder psychische Gründe, aber auch ein schlechtes Arbeits-
klima oder Mobbing können Ursachen für eine hohe Fehlzeitenquote sein.

Kriterien zur Bestimmung der Fehlzeitenquote

Es empfiehlt sich, die Fehlzeitenquote unbedingt nach verschiede-   Fehlzeiten-
nen Kriterien zu bestimmen. Sie kann für das gesamte Unterneh-   statistik
men, einzelne Profit-Center oder Abteilungen, bestimmte Arbeits-
gruppen oder für den einzelnen Mitarbeiter ermittelt werden. Es
lassen sich noch weitere Gruppierungen bilden, z. B. nach Alter,
Geschlecht oder Betriebszugehörigkeit. Nur über eine detaillierte
Fehlzeitenstatistik können Sie eine zu hohe Fehlzeitenquote abbau-
en. Sie wissen dann auch, in welchen Abteilungen und bei welchen
Führungskräften die Kennziffer besonders schlecht ist. Nur so können Sie feststellen, inwieweit einzelne Maßnahmen zur Senkung der
Fehlzeiten wirksam geworden sind.
Sehr aufschlussreich ist die Fehlzeitenquote des einzelnen Mitarbeiters. Hierzu stellen Sie den versäumten Arbeitstagen in der Periode
die gesamte Soll-Arbeitszeit des Mitarbeiters gegenüber:

$$\text{Fehlzeitenquote MA} = \frac{\text{versäumte Arbeitstage MA im Jahr} \times 100}{\text{Soll-Arbeitstage MA im Jahr}}$$

Für die Fehlzeitenanalyse können Sie eine weitere Kennzahl heranziehen, die die mittlere Dauer zwischen den Fehltagen ermittelt:

$$\text{mittl. Dauer zwischen den Fehltagen} = \frac{\text{Tage zwischen den Fehltagen insg.}}{\text{Zahl der Anwesenheitsperioden}}$$

Checkliste: So können Sie Fehlzeiten abbauen	
Analysieren Sie die Ursachen für den Krankenstand.	
Rufen Sie den erkrankten Mitarbeiter an oder besuchen Sie ihn.	
Führen Sie in regelmäßigen Abständen Gesundheitsprüfungen durch den Betriebsarzt durch.	
Führen Sie Mitarbeitergespräche.	
Verbessern Sie das Arbeitsumfeld.	
Zahlen Sie Prämien für geringe Fehlzeiten.	
Schreiben Sie eine Abmahnung.	
Letzter Schritt: Kündigen Sie Ihren Mitarbeiter.	

Die Personalkennzahl Fluktuationsquote

Austrittsquote In allen Fällen, in denen Mitarbeiter freiwillig aus dem Unternehmen ausscheiden, spricht man von Fluktuation. Die Fluktations- oder Austrittsquote zeigt Ihnen, wie viel Prozent der Gesamtbelegschaft in einem Jahr das Unternehmen verlassen hat.

$$\text{Fluktuationsquote} = \frac{\text{Zahl der Austritte im Jahr} \times 100}{\text{durchschnittliche Zahl der Beschäftigten}}$$

Kostenfaktor Fluktuation Die Mitarbeiterfluktuation ist ein erheblicher Kostenfaktor für ein Unternehmen. Es verliert wertvolles Know-how, wenn gute Mitarbeiter kündigen. Von einer hohen Austrittsquote können Sie Rückschlüsse auf das Betriebsklima, die Bezahlung usw. ziehen. Eine hohe Fluktuation (Jahre vergleichen!) ist mit beachtlichen Kosten verbunden, weil jeder neue Mitarbeiter Einstellungskosten verursacht und eingearbeitet werden muss. Die Austrittsquote ist jedoch nur aussagefähig, wenn das Unternehmen eine bestimmte Größe hat. Bei kleinen Unternehmen ist diese Kennzahl stark zufallsbedingt.

Achtung:
Der Verlust erfahrener Mitarbeiter führt nicht nur zu erhöhtem Stress bei den verbleibenden Kollegen, langfristig wird auch das Know-how dieser Mitarbeiter fehlen.

Wenn Sie die Fluktuation vermindern wollen, dann sind aussagefähige Fluktuationsstatistiken zu erstellen, die wieder nach sinnvollen Kriterien eingeteilt werden sollten. Eine solche Statistik muss zeigen können, in welchen Abteilungen oder bei welchen Berufen/Funktionen die Austrittsquote überdurchschnittlich hoch ist.

Fluktuations-statistiken

Tipp: Fragen Sie nach den Gründen für die Kündigung
Weil die harte Kennzahl Ihnen wenig über die Motive der ausscheidenden Mitarbeiter verrät, sollten Sie versuchen, die Ursachen für die Kündigungen im Gespräch herauszufinden. Nur wenn Sie mit allen ausscheidenden Mitarbeitern sprechen, haben Sie die Chance, auf die innerbetrieblichen Schwachstellen zu stoßen, die möglicherweise zur Kündigung geführt haben.

So messen Sie die Produktivität Ihrer Mitarbeiter

Die Produktivität, das Verhältnis von Leistung und Input, zeigt, wie die materiellen und menschlichen Ressourcen in einer Organisation eingesetzt werden. Bei der Mitarbeiterproduktivität wird der Output zur Zahl der Mitarbeiter in Beziehung gesetzt.

Mitarbeiterbezogene Produktivitätskennzahlen

* Umsatz je Mitarbeiter
* Gewinn je Mitarbeiter
* hergestellte Stückzahl/Leistungsmenge je Mitarbeiter
* hergestellte Stückzahl dividiert durch Lohnkosten
* Wertschöpfung je Mitarbeiter

Eine einfache und klare Kennzahl ist der Umsatz je Mitarbeiter. Sie zeigt die allgemeine Leistungsfähigkeit einer Organisation. Die Aussagefähigkeit geht aber verloren, wenn sie auf einzelne Abteilungen bezogen wird. Eine weitere Einschränkung besteht darin, dass auch bei einem zunehmenden Umsatz pro Mitarbeiter ein Gewinnrückgang möglich ist, dann nämlich, wenn die zusätzlich hereingenom-

Umsatz je Mitarbeiter

menen Aufträge zu Preisen verkauft wurden, die unter den Kosten lagen.

Gewinn je Mitarbeiter

Die Kennziffer Gewinn je Mitarbeiter informiert, welcher Gewinn pro Mitarbeiter erzielt wurde. Höhere Absatzmengen bedeuten in der Regel auch mehr Gewinn je Mitarbeiter. Die Messung der Wertschöpfung pro Mitarbeiter soll den Erfolg ausgewogen darstellen. Im Zähler des Bruches sind die eingekauften Materialien, Aggregate und Dienstleistungen von den Umsätzen abzuziehen.

Vom Wirtschaftszweig abhängige Kennzahlen

Umsatz pro Belegschaftsmitglied

Der Umsatz pro Belegschaftsmitglied, das Anlagevermögen je Beschäftigten und die Lohnquote sind Kennzahlen, die stark vom Wirtschaftszweig abhängig sind. Der Umsatz pro Belegschaftsmitglied ist im Handel höher als in der Industrie.

$$\text{Umsatz pro Belegschaftsmitglied} = \frac{\text{Jahresumsatz}}{\text{durchschnittliche Zahl der Beschäftigten}}$$

Anlagevermögen je Beschäftigten

Das Anlagevermögen je Beschäftigten ist in den kapitalintensiven Wirtschaftsbranchen wie Automobil- oder Elektrizitätsindustrie hoch. Für die Schaffung eines neuen Arbeitsplatzes ist in diesen Branchen viel Kapital notwendig.

$$\text{Anlagevermögen pro Beschäftigter} = \frac{\text{Sachanlagen am Stichtag}}{\text{Zahl der Beschäftigten am Stichtag}}$$

Lohnquote

Vom Wirtschaftszweig abhängig ist auch die Lohnquote, die Relation von Lohnkosten zu Umsatz. Diese Kennzahl gewinnt an Aussagekraft, wenn außer den Lohnkosten die Gehälter und die gesetzlichen und freiwilligen Sozialkosten berücksichtigt werden. Die gesamten Personalkosten werden in Beziehung zum Umsatz gesetzt.

$$\text{Lohnquote} = \frac{\text{Personalkosten}}{\text{Umsatz}}$$

Fazit

Die diversen Statistiken und Personalkennziffern sind die Grundlage für Arbeitsplatzanalyse, Personaleinsatz, Personalplanung sowie Aus- und Weiterbildungsveranstaltungen. Mit Personalkennzahlen können Sie prüfen, ob Ihre Bemühungen im personalwirtschaftlichen Bereich Erfolg haben. Man muss sich aber im Klaren sein, dass man die Effizienz der betrieblichen Personalarbeit nicht mit dem Grad an Exaktheit messen kann, wie dies im wirtschaftlichen oder technischen Bereich möglich ist.

4.3 Bestimmung des Personalbedarfs

Auch wenn es sich hier nicht um eine Kennzahl im engeren Sinn handelt, ist der Personalbedarf eines Unternehmens doch eine wichtige Ziffer, vor allem in der Gründungs- oder Expansionsphase eines Unternehmens. Sowohl der qualitative als auch quantitative Personalbedarf wird durch die Personalplanung erfasst. Die kurzfristige Personalplanung berücksichtigt einen Zeitraum bis zu einem Jahr, die mittelfristige Planung umfasst mehrere Jahre. Dabei interessieren Bedarf, Beschaffung, Einsatz, Entwicklung, Fortbildung und Freisetzung von Personal. Die Personalplanung ist damit Grundlage für die Personalbeschaffung bzw. das Personalmarketing.

Personalplanung

Welche Faktoren bestimmen den Personalbedarf?

* Kapazitätsänderungen
  Eine größere Kapazität, z. B. Eröffnung eines Zweigwerkes, bedeutet einen erhöhten Personalbedarf; der Abbau von Kapazitäten führt entsprechend zu weniger Mitarbeitern.

* Beschäftigungsgrad
  Mit steigender Auslastung der Kapazität (Auslastungsgrad) werden mehr Arbeitskräfte benötigt.

* Arbeitszeitverringerung
  Eine Verringerung der wöchentlichen Arbeitszeit erfordert bei sonst gleichen Voraussetzungen einen steigenden Personalbedarf.

* Rationaliseriungsmaßnahmen
  Rationalisierungsmaßnahmen sind meistens mit einem Abbau von Personal verbunden.

* Erschließung eines neuen Marktes
  Unternehmen, die sich einen neuen Markt erschließen, brauchen das entsprechende Fachpersonal. So hat die Öffnung des Telekommunikationsmarktes zu einem starken Konkurrenzkampf um Fach- und Führungskräfte im Bereich Informations- und Kommunikationstechnologie gesorgt.

Personalbedarfsrechnung

Der Personalbedarf ist abhängig vom derzeitigen Personalbestand und dem künftigen Bedarf an Arbeitskräften. In der Personalbedarfsrechnung wird das benötigte Personal konkret nach Qualifikation, Anzahl, Termin und Dauer, unter Umständen auch nach Einsatzort festgelegt, wobei die Belegschaftsstärke auf die Betriebskapazität abgestimmt werden muss.

Personal-
beschaffungs-
planung

Die folgende Tabelle gibt ein Beispiel für eine Personalbedarfsrechnung. Aus diesen Ergebnissen leitet sich die Personalbeschaffungsplanung ab, die genau über die zahlenmäßig benötigten Mitarbeiter, ihre Qualifikationen und die Einstellungstermine informiert.

Jahr	1	2	3	4	5	6	7
Bestand	700	720	750	770	790	790	760
– ausscheidende Mitarbeiter (durch Pension, Vorruhestand, Kündigungen, Versetzungen)	40	50	35	30	20	15	25
= voraussichtlicher Bestand	660	670	715	740	770	775	735
– voraussichtlicher Bedarf	720	750	770	790	790	760	750
= Unterdeckung (–) bzw. Überdeckung (+)	–60	–80	–55	–50	–20	+15	–15

4.4   So messen Sie die Mitarbeiterzufriedenheit

Eine wichtige Kennzahl mit hoher Aussagekraft ist die Mitarbeiterzufriedenheit. In ihr finden die allgemeine Zufriedenheit mit dem Arbeitsplatz, das Betriebsklima und die Arbeitsmoral ihren Niederschlag. Die Mitarbeiterzufriedenheit hat nachhaltige Auswirkungen auf die Produktivität und die Loyalität Ihrer Mitarbeiter.

Erfolgsfaktor Mitarbeiterzufriedenheit

Zufriedene Mitarbeiter erzielen bessere Arbeitsergebnisse; dann sind auch die Kunden zufriedener. Über eine höhere Mitarbeiterzufriedenheit kann also indirekt auch mehr Kundenzufriedenheit erreicht werden. Außerdem bleiben zufriedene Mitarbeiter in der Regel dem Unternehmen langfristig erhalten. So geht kein Wissen verloren, und was das Unternehmen in den ersten Jahren in die Mitarbeiter investiert hat, zahlt sich am Ende wieder aus. Außerdem betreiben zufriedende Mitarbeiter meist positive „Öffentlichkeitsarbeit" für ihren Arbeitgeber.

Kundenzufriedenheit

Achtung:
Unzufriedene Mitarbeiter, deren Hauptmotiv der Erhalt des Arbeitsplatzes ist, erbringen langfristig keine akzeptablen Arbeitsergebnisse. Wird hier die Kontrolle abgebaut, sinkt die Leistung.

Die persönliche Situation des Mitarbeiters

Die Mitarbeiterzufriedenheit hängt natürlich auch stark von der persönlichen Situation und den Zielen der Mitarbeiter ab. Diese Ziele können sehr unterschiedlich sein. So setzt ein alleinerziehender Erziehungsberechtigter mit schulpflichtigen Kindern andere Prioritäten als ein älterer männlicher Junggeselle. Wenn Sie Umfragen durchführen, sollten Sie daher verschiedene Kriterien bilden, nach denen Sie die Ergebnisse der statistischen Auswertung später einteilen können.

Bedenken sollten Sie ferner, dass sich nicht alle Mitarbeiter motivieren lassen – auch im Verkauf lässt sich keine hundertprozentige Kundenzufriedenheit erreichen. Dennoch sollte das Management anstreben, mit motivationsfördernden Maßnahmen die meisten Mitarbeiter zu erreichen.

Checkliste: So steigern Sie die Mitarbeiterzufriedenheit	
Holen Sie Ihre Mitarbeiter bei Entscheidungen, die sie betreffen, mit ins Boot.	
Stellen Sie Ihren Mitarbeitern alle für ihre Aufgaben notwendigen Informationen zur Verfügung.	
Erkennen Sie die Leistungen Ihrer Mitarbeiter an – nicht nur im Stillen oder vor Dritten, sondern loben Sie sie auch direkt.	
Fördern Sie Eigeninitiative und Kreativität Ihrer Mitarbeiter!	
Achten Sie auf ein gutes Betriebsklima.	
Bieten Sie den Mitarbeitern zusätzliche Leistungen an. Incentives und Gewinnbeteiligung erhöhen nicht nur die Zufriedenheit, sondern wirken auch motivierend.	

Durchführung von Mitarbeiterumfragen

Regelmäßige
Befragungen

Messen Sie die Mitarbeiterzufriedenheit jährlich, halbjährlich oder vierteljährlich per Fragebogen, durch persönliche Interviews oder Befragungen per Telefon. Je nach Größe des Betriebs können entweder alle Mitarbeiter in die Untersuchung einbezogen oder nur Stichproben gemacht werden.

Tipp: Führen Sie Mitarbeiterbefragungen regelmäßig durch

Nur regelmäßige Umfragen zur Mitarbeiterzufriedenheit liefern Ihnen brauchbare Ergebnisse. Zumindest einmal im Jahr sollte eine Befragung durchgeführt werden, da sich nicht nur die Prioritäten bei den Mitarbeitern ändern können, sondern eventuell auch neue Mitarbeiter hinzugekommen und andere gegangen sind. Befragungen, die nur in einem mehrjährigen Abstand erfolgen, geben Ihnen nicht das notwendige Feedback und lassen Veränderungen nicht erkennen. Außerdem wird es die Mitarbeiter nicht sehr motivieren, wenn Ergebnisse einer ausführlichen Umfrage keine Folgen haben oder einfach nicht mehr weiterverfolgt werden.

Mitarbeiterumfragen durch externe Berater

Auch wenn es nicht die Regel ist, so kann doch eine Personalabteilung, die die Mitarbeiterbefragung durchführt, schlechte Umfrageergebnisse der Geschäftsleitung gegenüber schönen, um nicht dafür verantwortlich gemacht zu werden. Befragungen zur Mitarbeiterzufriedenheit und zum Betriebsklima könnte man daher auch von externen Beratern durchführen lassen. Dabei haben Sie eventuell auch die Möglichkeit, (anonyme) Vergleichsdaten von anderen Unternehmen zu erfahren. Es empfiehlt sich, die Mitarbeiterzufriedenheit pro Profit-Center, Abteilung und Arbeitsgruppe festzustellen.

So gestalten Sie den Fragebogen

Gestalten Sie die Fragebögen anonym. Sonst werden heikle Fragen kaum beantwortet. Damit Sie genauere Ergebnisse erhalten, sollten Sie Ihre Mitarbeiter nach Kategorien einteilen. Denkbar wären Kriterien wie Alter, Betriebszugehörigkeit, Geschlecht, Teilzeit- oder Vollzeitarbeitsplatz, Bildungsabschluss, Aufstiegsmöglichkeiten, Führungsebene etc. Praktisch lässt sich dies umsetzen, indem man unter „Fragen zu Ihrer Person" verschiedene Antwortmöglichkeiten pro Kriterium vorgibt, die dann angekreuzt werden sollen (männlich/weiblich, Teilzeit/Vollzeit, keine/geringe/große Aufstiegschancen, unteres/mittleres/oberes Management etc.). In einem kleinen Betrieb, in dem dadurch Rückschlüsse auf die Mitarbeiter gezogen werden können, sollten Sie auf eine solche Einteilung verzichten.

Anonymisieren Sie den Fragebogen

Zur Bewertung können Sie dann bei den einzelnen Fragen Klassen von A bis C oder Punkte von 1 bis 6 vergeben, wobei 1 „sehr gut", 2 „gut" usw. bedeutet.

Bewertungsklassen

Fragebogen Mitarbeiterzufriedenheit

Fragen zu Ihrer Person	Alter	☐	☐	☐	☐
		unter 30	30 – 40	40 – 50	über 50
	Geschlecht		☐	☐	
			weiblich	männlich	
	Betriebszu-gehörigkeit	☐	☐	☐	☐
		0 – 5 Jahre	6 – 10 Jahre	10 – 15 Jahre	über 15 Jahre
	Jahres-gehalt	☐	☐	☐	☐
		bis 20.000	20. bis 30.000	30. bis 40.000	über 40.000

Hinweis: Erhebung und Auswertung des Fragebogens erfolgen anonym. Wir bitten Sie, die Fragen möglichst offen zu beantworten.

Wie zufrieden sind Sie mit ...? Wie schätzen Sie Ihre ... ein?	**Beurteilung**				
	1 sehr gut	**2** gut	**3** mittel	**4** aus-reichend	**5** schlecht
Vergütung					
Aufstiegs-möglichkeiten					
Weiterbildung/ Schulungen					
Möglichkeiten der persönlichen Entfaltung					
Arbeitsbelastung					
Stress am Arbeits-platz (1 = keinen, 5 = sehr groß)					
Verhalten der Führungskräfte					
Kompetenz der Vorgesetzten					

Wie zufrieden sind Sie mit …? Wie schätzen Sie Ihre … ein?	Beurteilung				
	1 sehr gut	**2** gut	**3** mittel	**4** aus- reichend	**5** schlecht
Offenheit der Kommunikation					
Betriebsklima					
Ergonomie am Arbeitsplatz					
Sicherheitsstandard					
Was sollte Ihrer Meinung im Unter- nehmen als erstes verbessert werden? Wo liegen möglicherweise die Ursachen für die schlechte Situation?					

Was leisten Mitarbeiterbefragungen?

Mitarbeiterumfragen können bestehende Probleme aufzeigen, z. B. wie viele Mitarbeiter das Betriebsklima als „schlecht" einstufen. Die Ursachen erfahren Sie aber nur, wenn Sie in der Umfrage offene Fragen einbauen, z. B.: „Wo besteht Ihrer Meinung nach der größte Verbesserungsbedarf? Was sind die Ursachen für die schlechte Situation?" Die (statistische) Auswertung solcher Informationen gestaltet sich schwierig. Sie sollten deshalb weitere Quellen nutzen:

Offene Fragen stellen

- Manche Chefs führen einmal wöchentlich Besprechungen mit den Mitarbeitern über die Arbeit durch und können dabei auch durch Zusatzfragen die Zufriedenheit der Mitarbeiter überprüfen.
- Andere Führungskräfte haben von Zeit zu Zeit Sprechstunden für die Mitarbeiterangelegenheiten und -probleme.
- Über die Mitarbeiterzufriedenheit kann auch in einer Arbeitsgruppe mit einem Diskussionsleiter gesprochen werden.

- Ansonsten können Sie im Gespräch unter vier Augen die Gründe für die Einschätzungen und Urteile Ihrer Mitarbeiter erfahren.

Harte Faktoren der Mitarbeiterzufriedenheit

Anzahl der
Kündigungen

Eine wichtige harte Messziffer für die Mitarbeiterzufriedenheit ist die Anzahl der Kündigungen. Die Personalabteilung muss hier allerdings abgrenzen, ob jemand infolge Heirat, Studium oder besserer Bezahlung oder infolge echter Unzufriedenheit geht. Der wirkliche Grund sollte ermittelt werden. Von selbst wird der ausscheidende Mitarbeiter nicht seine Motive offen legen. Oft werden andere Gründe vorgeschoben wie „mehr Bezahlung" oder „bessere Aufstiegsmöglichkeiten bei der neuen Firma." Beide Faktoren können natürlich die Mitarbeiterzufriedenheit wesentlich negativ beeinflussen – eine unterdurchschnittliche Bezahlung oder die Aussicht, niemals weiterzukommen.

Versetzungs-
gesuche

Über die Mitarbeiterzufriedenheit informiert Sie auch die harte Kennzahl Versetzungsgesuche. Wenn viele Mitarbeiter in eine bestimmte Abteilung versetzt werden wollen, aber niemand diese Abteilung verlassen will, dann spricht dies für ein hervorragendes Betriebsklima dort. Die Attraktivität der Abteilung und der Standort des Unternehmens spielen aber auch eine Rolle.

Gesamtindex zur Mitarbeiterzufriedenheit

Mitarbeiter-
zufriedenheits-
index

Mit einem Gesamtindex zur Mitarbeiterzufriedenheit lässt sich die Gesamtentwicklung erfassen. Die globale Kennziffer „Mitarbeiterzufriedenheitsindex" sollte sowohl harte Kennzahlen, wie krankheitsbedingte Fehlzeiten, Versetzungsgesuche und Austrittsquote, als auch weiche Messdaten (Umfragen zur Mitarbeiterzufriedenheit und zum Stress) enthalten.

Kann man Stress messen?

Der „Faktor Stress" beeinflusst die Kreativität, die Motivation und die Leistungsfähigkeit. Der positive Stress (als Eustress bezeichnet), treibt zu Höchstleistungen an. Aber wenn ein Mitarbeiter häufig klagt, er sei „so gestresst", wird er den negativen Stress meinen, der durch eine ungesunde Lebensweise noch verstärkt wird.

Die folgende Checkliste zeigt einige Stressindikatoren. Sie sind vor- Stress-
sichtig zu interpretieren – nicht jeder Mitarbeiter, der überdurch- indikatoren
schnittlich viel arbeitet, empfindet seine Arbeit als „stressig".

Checkliste: Woran erkennen Sie Stress bei Mitarbeitern?	
Durchschnittliche Zahl der Wochenarbeitsstunden pro Mitarbeiter nach Bezugsgruppen	
Schlechte Arbeitsergebnisse des Mitarbeiters	
Mangelnde Kreativität und Initiative	
Mitarbeiter scheint im Tagesgeschäft zu ersticken	
Entlassung von Mitarbeitern bei gleichbleibender oder steigender Arbeitsbelastung der verbleibenden Mitarbeiter	
Mitarbeiter klagt individuell über Stress am Arbeitsplatz	
Mitarbeiter nimmt Arzneimittel gegen Bluthochdruck	
Krankheiten mit Stresscharakter treten auf, insbesondere Magengeschwüre oder chronische Erschöpfung	

Achtung:
Jeder reagiert anders auf Stress, und es gibt viele weitere Beschwerden
und Krankheiten, die durch Stress bedingt oder verstärkt werden.

5 Markt- und Kundenanalyse mit Kennzahlen

Die Aufgabe des Verkaufs ist es nicht nur, die vom Betrieb hergestellten Erzeugnisse abzusetzen – heute wird es immer wichtiger, die
Wünsche und Bedürfnisse der Kunden und potenziellen Abnehmer
zu kennen. Denn ein Unternehmen, das sich nicht auf die Bedürfnisse der Kunden einstellt, wird seine Existenz langfristig gefährden.
Kundenorientierung und das Kundenmanagement sind bei vielen
Unternehmen deswegen oberstes Ziel.

Das bietet Ihnen dieses Kapitel

In diesem Kapitel werden alle wichtigen Kennzahlen für eine erfolgreiche Markt- und Kundenanalyse vorgestellt. Im Einzelnen erhalten
Sie Informationen darüber,

* wie Sie mit Kennzahlen Märkte analysieren, um die Stellung des
  eigenen Unternehmens im Wettbewerb auszuloten,
* welche Kennzahlen im Marketingcontrolling eingesetzt werden,
* wie Sie den Verkauf mithilfe der Deckungsbeitragsrechnung
  steuern können,
* welche Kennzahlen Ihnen zur Erfolgskontrolle zur Verfügung
  stehen und
* wie Sie Kundenzufriedenheit und Kundennutzen messen, um die
  Zukunftschancen Ihres Unternehmens am Markt besser einzuschätzen.

5.1 Kennzahlen zur allgemeinen Marktsituation

Wie aufnahmefähig ist der Markt?

Wenn ein Unternehmen ein Produkt oder eine Dienstleistung anbieten will, muss es wissen, wie aufnahmefähig der Markt dafür ist und inwieweit dieses Potenzial von den Konkurrenten schon abgeschöpft wird. Die drei elementaren Größen für diese Untersuchung sind:

* Marktpotenzial
* Marktvolumen
* Sättigungsgrad

Die maximale Aufnahmefähigkeit eines Marktes für ein bestimmtes Gut oder eine bestimmte Dienstleistung wird als Marktpotenzial bezeichnet. Wie hoch dann der tatsächliche gegenwärtige Gesamtabsatz aller Anbieter für ein Gut oder eine Dienstleistung ist, zeigt das Marktvolumen. *Marktpotenzial und Marktvolumen*

Bezugspunkte für die Messung dieser Größen können ein Produkt oder eine Produktgruppe sein, die sich jeweils auf den gesamten Markt oder einzelne Marktsegmente beziehen lassen. Zweckmäßig ermittelt man diese Größen für geographisch abzugrenzende Märkte, z. B. ein Land oder eine Region und begrenzte Zeitperioden (1 Jahr). Kaufkraftsteigerungen und Bevölkerungswachstum führen zu einer Erhöhung von Marktpotenzial und Marktvolumen.

Den Zusammenhang zwischen beiden Größen zeigt der Sättigungsgrad. Er besagt, inwieweit die befriedigte oder prognostizierte Nachfrage die maximal mögliche Nachfrage erreicht. Wenn der Sättigungsgrad niedrig ist, dann müssen geeignete Marketingmaßnahmen ergriffen werden, um einem höheren Gesamtabsatz zu erreichen. *Sättigungsgrad*

$$\text{Sättigungsgrad} = \frac{\text{Marktvolumen} \times 100}{\text{Marktpotenzial}}$$

Die Aktivitäten von kleinen und mittleren Unternehmen sind meist auf eine einzige Wirtschaftssparte oder Wirtschaftsbranche begrenzt, so dass dann auch oft die Marktforschung auf diesen Bereich begrenzt wird.

Beispiel:
Ein Teppichbodenhersteller ist primär an der Entwicklung der Wirtschaftsgruppe Teppichböden interessiert und erst sekundär an der gesamten Wirtschaftsbranche Heimtextilien oder gar der gesamten Textilindustrie. Das Umsatzvolumen des Unternehmens wird man daher in Beziehung zum Umsatz der Wirtschaftsgruppe Teppichböden (Marktvolumen) setzen.

Welche Stellung hat das Unternehmen am Markt?

Marktanteil

Mit einer anderen Kennziffer können Sie die Stellung des Unternehmens im Wettbewerb messen: Der Marktanteil zeigt, welchen Anteil das vom Unternehmen erzielte Absatzvolumen am Marktvolumen (Gesamtumsatz) hat und informiert Sie somit darüber, welchen Rang das Unternehmen in der Wirtschaftssparte bzw. der gesamten Wirtschaftsbranche einnimmt. Erhöht sich der Marktanteil des Unternehmens, dann wird die Position der Gesellschaft am Markt stärker.

$$\text{Marktanteil} = \frac{\text{Unternehmensumsatz} \times 100}{\text{Marktvolumen}}$$

Achtung:
Berechnung und Beobachtung des Marktanteils vermitteln Ihnen mehr Informationen als die bloße Umsatzentwicklung, weil Sie neben der Entwicklung des eigenen Unternehmens auch den gesamten Markt im Blick behalten.

Stellung zum
Konkurrenten

Der Marktanteil eines Unternehmens ist durch Verhaltensänderungen der Käufer und durch Maßnahmen der Konkurrenten ständig bedroht. Will man die Stellung zum stärksten Konkurrenten genau ermitteln, muss man den relativen Marktanteil berechnen.

Ein Wert von unter 100 % bedeutet, dass der Konkurrent größer ist, ein Wert darüber, dass das eigene Unternehmen größer ist. Relativer Marktanteil

$$\text{Relativer Marktanteil} = \frac{\text{eigener Marktanteil} \times 100}{\text{Marktanteil des Marktführers}}$$

Es ist oft sinnvoll, den Umsatz, den ein Unternehmen mit einem bestimmten Produkt erzielt, zu ermitteln und zum Gesamtumsatz dieses Produktes im ganzen Land in Beziehung zu setzen. Diese Kennzahl kann dann laufend gemessen werden.

Die fünf Phasen im Lebenszyklus eines Produkts

Jedes Produkt weist einen Produktlebenszyklus auf. Kein Produkt erzielt gleichmäßig hohe Umsätze. Es werden fünf idealtypische Phasen unterschieden. Produktlebenszyklus

Lebenszyklus eines Produkts

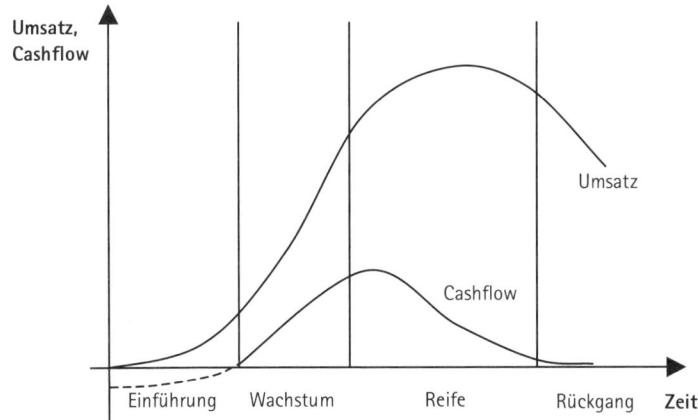

In der Einführungsphase ist das Produkt noch wenig bekannt. Hohe Aufwendungen für die Einführungswerbung stehen geringen Umsätzen gegenüber, so dass das Produkt noch keine Gewinne erzielt. Einführung

111

Wachstum

Die steigende Tendenz verstärkt sich jedoch dann insbesondere in der zweiten Phase: Mit hohen Wachstumsraten steht das Produkt nun in der Gewinnphase.

Reife

In der dritten, der Reifephase, können die Umsätze zwar noch steigen, aber die Wachstumsraten verringern sich bereits. In der Regel treten nun auch andere Wettbewerber mit ähnlichen Erzeugnissen auf, was zu einem verschärften Preiswettbewerb führt.

Sättigung und Degeneration

Die Umsätze erreichen in der Sättigungsphase dann ihren höchsten Punkt. Die Degenerationsphase ist die letzte Phase eines Produktes, die damit endet, dass das Produkt vom Markt genommen wird, weil die Umsätze rückläufig sind.

> **Tipp: Entwickeln Sie Nachfolgeprodukte frühzeitig**
>
> Die Dauer eines Lebenszyklus hängt von vielen Faktoren ab, insbesondere von der Art des Produktes und wie das Unternehmen auf Marktveränderungen reagiert. Die Entwicklung von Nachfolgeprodukten sollte so frühzeitig erfolgen, dass das Nachfolgemodell auf dem Markt bereits eingeführt ist, wenn sich das alte Produkt in der Degenerationsphase befindet.

Viele Märkte werden komplexer und zugleich dynamischer. Dies zeigt sich in der Verkürzung der Produktlebenszyklen, d. h. die Produkte werden heute viel rascher eingeführt und auch wieder schneller aus dem Sortiment ausgeschieden.

Der Einsatz von Kennzahlen bei der Portfolio-Analyse

Marktstellung des Produkts

Die Portfolio-Analyse, ein wichtiges Instrument der strategischen Marketingplanung, ermöglicht die Beurteilung der Produkte eines Unternehmens nach ihrer Marktstellung. Die Portfoliountersuchung lässt sich auf bestimmte Produktgruppen aus der kurzfristigen Erfolgsrechnung oder einfach auf ausgewählte Produkte anwenden. Verfügt ein Unternehmen über einen hohen Marktanteil, kann es hohe Verkaufszahlen erreichen, was zu niedrigen Fixkosten pro Stück führt. Damit ist es besser auf einen Preiskampf vorbereitet. Steigt der Marktanteil, verbessert sich in der Regel auch der Cashflow.

Anwendungsgebiete der Portfolio-Analyse

Die Portfolio-Analyse wird häufig zur Beurteilung der Chancen und Risiken strategischer Geschäftseinheiten, d. h. eigenverantwortlicher Geschäftsbereiche, herangezogen.

Relativer Marktanteil und künftiges Marktwachstum sind die zwei Kennzahlen, die Sie zunächst für die Bestimmung der Marktstellung brauchen. Der relative Marktanteil misst Ihren Marktanteil im Vergleich zu dem des größten Konkurrenten (wie er ermittelt wird, finden Sie auf Seite 111). Die Marktwachstumsrate erhalten Sie, wenn Sie das Marktvolumen im Planungszeitraum in Beziehung zum Marktvolumen des Vorjahres setzen. Dabei ist das Marktvolumen eine prognostizierte Größe.

Marktwachs-tumsrate

$$\text{Marktwachstumsrate} = \frac{\text{Marktausweitung} \times 100}{\text{Marktvolumen im Vorjahr}}$$

Tipp:

In einem rasch wachsenden Markt lassen sich die Verkaufszahlen leichter erhöhen als auf einem langsam expandierenden Markt.

Die Kennzahl Marktwachstum erfasst, wie schnell ein Markt expandiert. Unabhängig von der Portfolio-Analyse können Sie das Marktwachstum Ihres Produktes z. B. mit dem durchschnittlichen Wachstum des Bruttosozialproduktes vergleichen.

So erstellen Sie ein Portfolio

Nachdem Sie die Kennzahlen „relativer Marktanteil" und „Markt-wachstum" ermittelt haben, ordnen Sie in einem zweiten Schritt Ihre Produkte in eine Matrix ein. Die klassische Boston-Matrix sieht die folgenden Produktkategorien vor:

Boston-Matrix

- Question marks (Nachwuchs): geringer Marktanteil/hohes Marktwachstum – Diese Nachwuchsprodukte können noch erfolgreich am Markt, aber auch ein Flop werden (daher der Name „Fragezeichen"). In der Anfangsphase erzielen sie Verluste. Besonders erfolgversprechende Produkte unter den Fragezeichen sind zu fördern. Zu viele Nachwuchsprodukte erhöhen das Risiko!

- Stars (Sterne): hoher Marktanteil/hohes Marktwachstum – Sie erfordern hohe Marketing-, Forschungs- und Entwicklungskosten, erzielen hohe Gewinne und sind die wichtigsten Produkte der Zukunft.
- Cash-Cows (Cash-Kühe): hoher Marktanteil/geringes Marktwachstum – Diese ausgereiften Produkte verursachen wenig Marketingkosten, erzielen hohe Gewinne, befinden sich aber bereits auf stagnierenden Märkten.
- Dogs (Arme Hunde): geringer Marktanteil/geringes Marktwachstum – Bei diesen Produkten, auch „lahme Enten" genannt, ist zu prüfen, ob sie noch Gewinne abwerfen; ansonsten sind sie aus dem Angebot zu nehmen.

Wenn Sie diese Produktkategorien in ein Koordinatensystem eintragen, sieht das Portfolio wie folgt aus:

Portfolio-Analyse in der Boston-Matrix

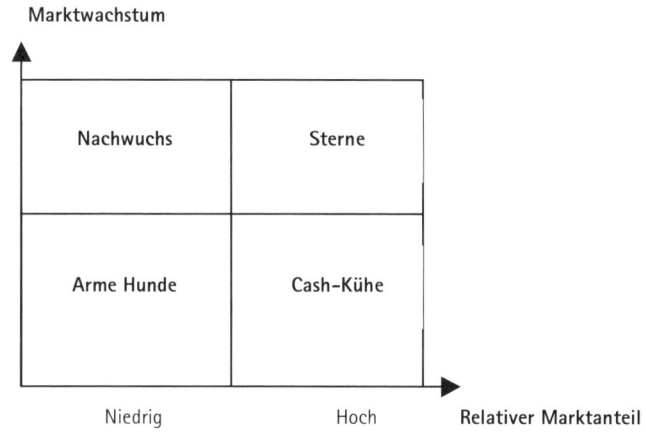

> Tipp: Führen Sie die Portfolio-Analyse regelmäßig durch
>
> Untersuchen Sie die Produktpalette Ihres Unternehmens regelmäßig mit der Portfolio-Analyse. So verschaffen Sie sich eine Übersicht, welche Produkte Sie fördern und welche Sie aus dem Angebot nehmen müssen.

Kundenanalyse mit Kennzahlen

Wenn Sie Ihre Zielgruppen genau kennen, dann können Sie Kenn- zahlen anwenden und die richtigen Problemlösungen anbieten. Mit der Kundenstrukturanalyse werden in der Marktforschung Einkaufsgewohnheiten, Einzugsgebiet, demographische Struktur des Kundenstammes etc. untersucht.

Kunden-strukturanalyse

Bildung von Kundengruppen

In Ihrem Unternehmen können Sie den Kundenstamm nach der Art der Kunden genauer untersuchen. Dadurch erfahren Sie etwa, wie viel Prozent der Gesamtzahl Ihrer Kunden auf einzelne Kundengruppen entfallen. Bezugsgröße ist die Gesamtzahl der Kunden nach der Kundendatei, und zwar an einem bestimmten Stichtag. Die Kundengruppen können Sie nach unterschiedlichen Merkmalen untersuchen, z. B. wenn Sie

- die regionale Verteilung Ihrer Kunden betrachten (z. B. „Kunden aus der Region X", „Kunden aus der Region Y")
- Neu- und Altkunden vergleichen (z. B. „Altkunden", „neu gewonnene Kunden seit 2005")
- Ihre Kunden nach dem Alter einteilen (z. B. „Kunden unter 20", „Kunden von 20 bis 30")

$$\text{Kundenstruktur nach einem best. Merkmal} = \frac{\text{Zahl der Kunden mit einem best. Merkmal} \times 100}{\text{Gesamtzahl der Kunden}}$$

Weitere Informationen erhalten Sie, wenn Sie den Umsatz der einzelnen Kundengruppen in Beziehung zum Gesamtumsatz sehen. Die beiden Größen beziehen sich jetzt auf einen bestimmten Zeitabschnitt, z. B. ein Jahr.

Kunden-gruppenanteil

$$\text{Kundengruppenanteil} = \frac{\text{Umsatz einer best. Kundengruppe} \times 100}{\text{gesamte Umsatzerlöse}}$$

Einteilung des Kundenstamms nach Größenklassen

Oft ist es sinnvoll, die Kunden nach Größenklassen hinsichtlich des getätigten Umsatzes zu gliedern. Dies zeigt die folgende Übersicht.

Kundengruppen			
Kunden mit Umsätzen bis 1.000 €	Kunden mit Umsätzen von 1.000 – 3.000 €	Kunden mit Umsätzen von 3.000 – 5.000 €	...
1.	1.	1.	1.
2.	2.	2.	2.
3.	3.	3.	3.
...	...	...	...

Mit dieser Übersicht können Sie wichtige von unwichtigen Kunden unterscheiden. Oft ist es nur eine kleine Gruppe von Kunden, mit der Sie den größten Umsatz erzielen. Diese Hauptkunden müssen Sie langfristig an das Unternehmen binden.

Kennzahlen zu Preisen und Konditionen

Preiselastizität der Nachfrage

Die Kennzahl Preiselastizität der Nachfrage zeigt die Relation, in der sich die nachgefragte Menge ändert, wenn eine geringe Preisänderung erfolgt. Mit ihr können Sie überprüfen, wie stark die Auswirkungen einer Preissenkung oder -erhöhung sind.

Zur Berechnung herangezogen werden jeweils die prozentualen Änderungen beider Größen:

$$\text{Preiselastizität der Nachfrage} = \frac{\text{prozentuale Mengenänderung}}{\text{prozentuale Preisänderung}}$$

Eine Preiselastizität der Nachfrage von über 1 bedeutet eine elastische Nachfrage – die Mengenänderung ist in diesem Falle relativ stärker als die Preisänderung. Das bedeutet konkret: Eine nur geringe Preissenkung hat zu einer deutlich höheren Nachfrage geführt. Entsprechend bedeutet eine Preiselastizität der Nachfrage von unter 1 eine unelastische Nachfrage, d. h. bei einer bestimmten Preisänderung hat sich die Nachfragemenge nur gering verändert.

Preisnachlassquote und Preisnachlassstruktur

Werden Preise auf dem Verhandlungsweg festgelegt, dann werden meist auch die Konditionen ausgehandelt. Dabei kann der Verkäufer Rabatte gewähren oder seinen Kunden bessere Lieferungs- und Zahlungsbedingungen anbieten. Zur Beurteilung Ihrer Konditionenpolitik können Sie die Kennzahlen Preisnachlassquote und Preisnachlassstruktur heranziehen.

Die Preisnachlassquote zeigt Ihnen, wie viel Prozent der Umsatzerlöse auf die gesamten Preisnachlässe (Rabatte, Skonti und Boni) entfällt. Es gelten die Umsatzerlöse vor Abzug der Preisnachlässe und ohne Umsatzsteuer.

Preisnachlass-quote

$$\text{Preisnachlassquote} = \frac{\text{Preisnachlässe} \times 100}{\text{Umsatzerlöse}}$$

Mit der Kennzahl Preisnachlassstruktur können Sie die Preisnachlassquote weiter analysieren. Sie wählen die gewährten Preisnachlässe nach bestimmten Kriterien aus (etwa nach Produkt, einzelnen Verkaufsbezirken etc.) und erfahren so, wie viel Prozent der gesamten Preisnachlässe auf diese bestimmten Produkte (Verkaufsbezirke etc.) entfallen.

Preisnachlass-struktur

$$\text{Preisnachlassstruktur} = \frac{\text{Preisnachlässe für Produkt A} \times 100}{\text{Umsatzerlöse}}$$

Harte Kennzahlen im Marketingcontrolling

Zur Überwachung und Steuerung der Marketingaktivitäten wird in der betrieblichen Praxis eine Reihe harter Kennzahlen eingesetzt, die rein erfolgsorientiert sind bzw. überwiegend die finanzielle Perspektive beinhalten. Im Folgenden finden Sie eine Zusammenstellung solcher Kennzahlen.

Finanzielle Perspektive

- Absatz: Umsatz (jeweils gesamt, nach Artikelgruppen, nach Kundengruppen, nach Verkaufsgebieten)
- Deckungsbeitrag (jeweils gesamt, nach Artikelgruppen, nach Kundengruppen, nach Verkaufsbezirken)
- Umsatz: Werbekosten
- Umsatz: Kundendienstkosten

- Umsatz: Verkaufskosten
- Umsatz: Verkaufsfläche
- Umsatz: durchschnittlicher Lagerbestand
- Umsatz: Wareneinsatz
- Umsatz pro Verkaufskraft/pro Reisender etc.
- Umsatz pro Kundenbesuch
- Deckungsbeitrag: Umsatz
- Gewinn: Umsatz
- Umsatz: Kapitaleinsatz
- Deckungsbeitrag: Kapitaleinsatz

Dass finanzielle Messungen allein allerdings nicht ausreichen, da sie nur vergangene Entwicklungen aufzeigen und wenig über die Perspektiven eines Unternehmens sagen, wurde im Kapitel 1.4 bereits dargelegt. Die harten Erfolgszahlen sollten daher unbedingt durch solche ergänzt werden, die weiche Informationen vermitteln. Insbesondere wären hier die Messungen zur Kundenzufriedenheit zu nennen.

5.2   Verkaufssteuerung mit der Deckungsbeitragsrechnung

> **Deckungsbeitragsrechnung**
>
> Zieht man von den Erlösen (Umsatz) eines Produktes seine variablen Kosten ab, erhält man den Deckungsbeitrag.

Die Methode der Deckungsbeitragsrechnung ist eines der wichtigsten, betriebswirtschaftlichen Steuerungsinstrumente und hilft Ihnen bei vielen unternehmerischen Entscheidungen. Mit ihrer Hilfe können Sie erkennen, welche Produkterlöse die Fixkosten abdecken bzw. Gewinne erwirtschaften. So wissen Sie, welche Produkte Sie fördern sollten. Produkt- oder Produktgruppen hingegen, die einen geringen oder negativen Deckungsbeitrag erwirtschaften, sollten Sie einstellen oder zurückfahren.

Tipp:

Mithilfe der Deckungsbeitragsrechnung können Sie die Ertragskraft von Produkten, Verkaufsgebieten und Kunden besser beurteilen und eine erfolgreiche Gewinnsteuerung betreiben.

Zurechnung der Kosten auf die Kostenträger

In der Kostenträgerrechnung oder Kalkulation wird ermittelt, wie hoch die Kosten einzelner Produkte oder ganzer Produktgruppen sind. Je nachdem, ob die Gemeinkosten auf die Kostenträger zugerechnet werden, liegt eine Vollkostenrechnung oder eine Teilkostenrechnung vor. *Kostenträgerrechnung*

Die Vollkostenrechnung erfasst und verrechnet alle entstandenen Kosten; Einzel- und Gemeinkosten werden auf die Kostenträger, die Produkte, umgelegt. Zuerst werden die Einzelkosten aus der Kostenartenrechnung in die Kostenträgerrechnung übertragen und dort den verschiedenen Produkten zugeordnet. Die Einstandspreise der einzelnen Waren- oder Artikelgruppen sind im Handel die Einzelkosten, auf die anteilig die Gemeinkosten über den Handlungsgemeinkostenzuschlagssatz verrechnet werden. *Vollkostenrechnung*

Bei der Deckungsbeitragsrechnung werden die Kostenträger nur mit den Kosten belastet, die ihnen direkt zurechenbar sind. Die fixen Kosten, die einem Kostenträger nicht unmittelbar zurechenbar sind, werden als Gesamtsumme in das Betriebsergebnis übernommen. Die fixen Kosten umfassen die Kosten der Betriebsbereitschaft und fallen unabhängig von der Höhe der Auslastung der Kapazitäten an. *Deckungsbeitragsrechnung*

Schwächen der Vollkostenrechnung

* Die Verteilung der Gemeinkosten auf die Kostenstellen und die Weiterverrechnung der Kostenstellengemeinkosten auf die Kostenträger ist schwierig und ungenau. Die Problematik liegt in den Verteilungsschlüsseln.

* Fixe und variable Kostenträgergemeinkosten werden mithilfe von Zuschlagssätzen auf die Kostenträger verteilt. Es wird so eine direkte Verbindung zwischen Zuschlagsbasis (z. B. Fertigungsmaterial) und Materialgemeinkosten angenommen.

- Vollkostenrechnungssysteme verteilen stets die fixen Kosten auf die hergestellten Produkte, auch dann, wenn diese Leerkosten sind.

Was ist das Ziel der Kostenrechnung?

Vollkosten-rechnung

Ziel der Vollkostenrechnung ist es, die in einer Abrechnungsperiode angefallenen Kosten den jeweiligen Kostenträgern zuzurechnen. Bei der Zurechnung der Einzelkosten gibt es keine Einwände. Schwierigkeiten treten bei Veränderungen im Beschäftigungsgrad auf. Die Vollkostenrechnung verteilt auch dann alle angefallenen Kosten auf die Produkte, wenn die Umsätze infolge von Beschäftigungsrückgang stark gefallen sind.

Teilkosten-rechnung

Teilkostenrechnungen legen großen Wert auf eine verursachungsgerechte Verrechnung der Kosten auf die einzelnen Kostenstellen und insbesondere die Kostenträger. Hierbei hat die Kostenaufspaltung in Einzelkosten und Gemeinkosten einerseits sowie in fixe und variable Kosten andererseits große Bedeutung.

Aufspaltung der Kostenarten			
... nach der Zurechenbarkeit auf die Produkte (Kostenträger)		... nach der Abhängigkeit vom Beschäftigungsgrad (= Auslastung der Kapazität)	
Einzelkosten = direkte Kosten	Gemeinkosten = indirekte Kosten	fixe Kosten = unabhängig von der Auslastung der Kapazität	variable Kosten = abhängig von der Auslastung der Kapazität

Für die betriebswirtschaftlich entscheidungsorientierte Steuerung ist es wichtig, wie sich die Kostenarten bei einer Zunahme der Fertigung verändern. Die fixen Kosten in Fertigung, Einkauf, Verkauf und Verwaltung fallen an, unabhängig, ob Verkaufsaufträge anfallen oder nicht. Sie sind deshalb Kosten der Betriebsbereitschaft, z. B. Abschreibungen auf das Anlagevermögen oder Miete. Anders verhält es sich mit den variablen Kosten, die sich mit einer Änderung der Fertigungsmenge ebenfalls verändern.

Was leistet die Deckungsbeitragsrechnung?

Die Deckungsbeitragsrechnung ist ein Führungsinstrument, das gerade bei Unterbeschäftigung eine wichtige Hilfe für Sie sein kann. Sie nimmt eine Trennung in fixe und variable Kosten vor und belastet die Kostenträger nur mit den direkt zurechenbaren Kosten. Die Fixkosten werden en bloc ins Betriebsergebnis übernommen.

Bei der Form der Deckungsbeitragsrechnung, die nur eine Trennung in Einzelkosten und Gemeinkosten vornimmt (also nicht in fixe und variable Kosten), lautet die Formel:

Deckungsbeitrag = Erlös – Einzelkosten

Der Deckungsbeitrag ist die Summe, die ein Kostenträger – z. B. ein Produkt, ein Auftrag, ein Kunde, ein Verkaufsbezirk – zur Deckung der fixen Kosten bzw. zur Gewinnerzielung beiträgt. Der absolute Deckungsbeitrag einer Produkteinheit (db) ergibt sich als Differenz zwischen dem Verkaufspreis (p) und den variablen Stückkosten (k_v). Deckungs-beitrag

$$db = p - k_v$$

Solange ein Produkt im Sortiment einen Deckungsbeitrag erzielt, trägt es auch zur Deckung der fixen Kosten bei. Der Verkauf kennt damit seine kurzfristige Preisuntergrenze: Es ist der Preis, der nicht mehr die variablen Kosten deckt (Deckungsbeitrag = 0). Wenn ein Produkt allerdings keinen positiven Deckungsbeitrag erzielt, dann trägt es nicht einmal die von ihm unmittelbar verursachten Kosten. Ein solches Produkt ist aus dem Verkaufsprogramm zu streichen. Sie sollten allerdings auch prüfen, welche Auswirkungen das Ausscheiden auf das gesamte Sortiment hat. Kurzfristige Preisunter-grenze

Einfache und zweistufige Deckungsbeitragsrechnung

Einfache Deckungsbeitragsrechnung

Bei der einfachen Deckungsbeitragsrechnung gehen Sie von den Umsatzerlösen aus und ziehen die variablen Kosten ab. Von der Summe der Deckungsbeiträge aller Produkte sind die fixen Kosten abzuziehen, um das Betriebsergebnis zu erhalten: Berechnung

Umsatzerlöse	... €
– variable Kosten	... €
= Deckungsbeitrag I	... €
– fixe Kosten	... €
= Betriebsergebnis (Gewinn/Verlust)	... €

Zweistufige Deckungsbeitragsrechnung

Die zweistufige Deckungsbeitragsrechnung nimmt eine Unterscheidung der Fixkosten in allgemeine und spezielle vor. Letztere sind erzeugnisfixe Kosten und lassen sich einzelnen Erzeugnissen direkt zuordnen. So lassen sich bestimmte Kosten in der Materialwirtschaft, in der Fertigung und im Verkauf einzelnen Produkten oder Produktgruppen zurechnen (z. B. Abschreibung für eine Anlage). Diese speziellen Fixkosten können gezielt beeinflusst werden.

Die Kosten der Unternehmensleitung selbst, der allgemeinen Verwaltung sowie des Finanz- und Rechnungswesens sind dagegen allgemeine Fixkosten, die zu keinem bestimmten Produkt in Verbindung stehen (z. B. die Abschreibung auf das Verwaltungsgebäude).

Berechnung In der zweistufigen Deckungsbeitragsrechnung ermitteln Sie zunächst wie bei der einfachen Deckungsbeitragsrechnung den Deckungsbeitrag I. Wenn Sie dann die erzeugnisfixen Kosten abziehen, erhalten Sie den Deckungsbeitrag II. Werden davon die allgemeinen Fixkosten abgezogen, erhalten Sie schließlich das Betriebsergebnis, den Gewinn oder Verlust:

Umsatzerlöse	... €
– variable Kosten	... €
= Deckungsbeitrag I	... €
– spezielle Fixkosten	... €
= Deckungsbeitrag II	... €
– allgemeine Fixkosten	... €
= Betriebsergebnis (Gewinn/Verlust)	... €

Tipp:

Mit der zweistufige Deckungsbeitragsrechnung verfügen kleine und mittlere Unternehmen über ein Instrument, das ihnen Preisentscheidungen sowie Umsatz-, Kosten- und Gewinnanalysen erleichtert.

So können Sie die Deckungsbeitragsrechnung noch verfeinern

Die Deckungsbeitragsrechnung lässt sich noch in weiteren Abstufungen durchführen, indem die Kosten auf bestimmte Produkte, Produktgruppen, Bereiche etc. bezogen werden:

- erzeugnisfixe Kosten (z. B. Maschinenkosten oder Löhne) für ganz bestimmte Produkte
- erzeugnisgruppenfixe Kosten (z. B. Gehälter, Raumkosten) für eine Erzeugnisgruppe
- kostenstellenfixe Kosten (z. B. Gehalt eines Meisters) für eine Kostenstelle
- bereichsfixe Kosten (z. B. Gehalt des Bereichsleiters) für einen Bereich
- unternehmensfixe Kosten (z. B. Gehalt des Geschäftsführers) für das gesamte Unternehmen

Die Deckungsbeitragsrechnung als kurzfristige Erfolgsrechnung

Die Deckungsbeitragsrechnung kann in Form einer kurzfristigen Erfolgsrechnung nach Produkten gegliedert werden, wie das folgende Beispiel zeigt. Weitere Hinweise finden Sie in Kapitel 3.6.

Beispiel: Deckungsbeitragsrechnung in einem Mehrproduktunternehmen

Ein Unternehmen fertigt die Erzeugnisse A, B und C und verkauft in einem Monat:

Produkt	Stück	Preis netto
A	2.350	50 €
B	1.000	45 €
C	1.825	40 €

Die Kosten- und Leistungsrechnung liefert folgende Zahlen:

Kosten	A	B	C
variable Kosten	61.688	20.500	49.275
fixe Kosten	45.625	19.900	26.955
Selbstkosten	107.313	40.400	76.230

Das Betriebsergebnis und die Gewinnbeiträge der Produkte A, B und C:

	Produkt A	Produkt B	Produkt C	Summe
Verkaufser- löse netto	117.500	45.000	73.000	235.500
– variable Kosten	61.688	20.500	49.275	131.463
– fixe Kosten	45.625	19.900	26.955	92.480
= Gewinn	+ 10.187	+ 4.600	– 3.230	+ 11.557

Variable Kosten pro Stück (kv) und fixe Kosten pro Stück (kf) ergeben die Deckungs- und Gewinnbeiträge pro Stück von A, B und C.

Produkt A

$$kv = \frac{61.688}{2.350} = 26,25 \; € \qquad kf = \frac{45.625}{2.350} = 19,41 \; €$$

Produkt B

$$kv = \frac{20.500}{1.000} = 20,50 \; € \qquad Kf = \frac{19.900}{1000} = 19,90 \; €$$

Produkt C

$$kv = \frac{49.275}{1.825} = 27,00 \; € \qquad kf = \frac{26.955}{1.825} = 14,77 \; €$$

Deckungsbeiträge I und Gewinnbeiträge je Stück:

	Produkt A	Produkt B	Produkt C
Verkaufspreis pro Stück	50,00	45,00	40,00
– variable Stückkosten	26,25	20,50	27,00
= Deckungsbeitrag I	23,75	24,50	13,00
– fixe Stückkosten	19,41	19,90	14,77
= Gewinn je Stück (+) bzw. Verlust (–)	+ 4,34	+ 4,60	– 1,77

Für A fallen 32.000 €, für B 11.450 € und für C 13.780 € erzeugnisfixe Kosten an.

Der Deckungsbeitrag I und II der Produkte A, B und C:

	Produkt A	Produkt B	Produkt C	Summe
Verkaufserlöse netto	117.500	45.000	73.000	235.500
– variable Kosten	61.688	20.500	49.275	131.463
= Deckungsbeitrag I	55.812	24.500	23.725	104.037
- erzeugungsfixe Kosten	32.000	11.450	13.780	57.230
= Deckungsbeitrag II	23.812	13.050	9.945	46.807
- unternehmensfixe Kosten				35.250
= Betriebsergebnis				11.557

Erzeugnisfixe Kosten des Produkts A sind beispielsweise die fixen Kosten für Werkzeugmaschinen bzw. Industrieroboter, die bei der Herstellung des Produkts A eingesetzt werden. Das Produkt A erreicht einen Deckungsbeitrag II von 23.812 € und trägt damit zur Deckung der unternehmensfixen Kosten bzw. zur Gewinnerzielung bei. Wenn Sie die erzeugnisfixen Kosten von A, B und C durch die Menge dividieren, dann erhalten Sie die erzeugnisfixen Kosten pro Stück und können so die Deckungsbeiträge I und II pro Stück ermitteln. Beim Produkt A sind 32.000 € durch 2.350 Stück zu dividieren, was 13,62 € pro Stück ergibt. Entsprechend erhalten Sie beim Produkt B 11,45 € (11.450 geteilt durch 1.000 Stück). Beim Produkt C entstehen erzeugnisfixe Stückkosten von 7,55 € (13.780 geteilt durch 1.825 Stück).

Stückdeckungsbeitrag I und II der Produkte A, B und C:

	Produkt A	Produkt B	Produkt C
Verkaufspreis pro Stück	50,00	45,00	40,00
– variable Stückkosten	26,25	20,50	27,00
= Deckungsbeitrag I pro Stück	23,75	24,50	13,00
– erzeugnungsfixe Stückkosten	13,62	11,45	7,55
= Deckungsbeitrag II pro Stück	10,13	13,05	5,45

Alle drei Produkte erwirtschaften damit positive Deckungsbeiträge I und II. Angenommen, das Unternehmen steht vor der Entscheidung, einen zusätzlichen Auftrag über 1.500 Stück von Erzeugnis A zum Preis von 49 € hereinzunehmen. Da die Kapazitäten bereits ausgelastet sind, müsste die Produktion von C eingestellt werden, Produkt B würde in unverändertem Umfang produziert werden. Das Unternehmen sollte den Zusatzauftrag annehmen; denn der zusätzliche Deckungsbeitrag II von A ergibt 1.500 × 9,13 € = 13.695 €, die entgangenen Deckungsbeiträge II von C: 1.825 × 5,45 €= 9.946,25 €, was einen Vorteil von 3.748,75 € bedeutet.

> **Achtung:**
> Ein Produkt, das einen positiven Deckungsbeitrag erwirtschaftet, insbesondere einen positiven Deckungsbeitrag II, leistet auch einen Beitrag zur Abdeckung der unternehmensfixen Kosten.

Wie ermitteln Sie die rentabelsten Produkte?

Das Verhältnis von Deckungsbeitrag zum Nettoumsatz (Bruttoumsatz vermindert um Umsatzsteuer und Erlösschmälerungen) des Produkts zeigt, wie viel Prozent vom Umsatz der Deckungsbeitrag beträgt. Die Geschäftsleitung kann mit der Deckungsbeitragsrechnung die Sortimentsgestaltung und -steuerung nach den rentabelsten Produkten betreiben.

Die folgende Tabelle zeigt eine Produktrangliste auf der Basis von Nettoumsatzerlösen (Beispiel):

Produkt-
rangliste

	Produkt A	Produkt B	Produkt C
Verkaufserlöse	117.500	45.000	73.000
Deckungsbeitrag II	23.812	13.050	9.945
Deckungsbeitrag II (in % der Verkaufserlöse)	20,3 %	29,0 %	13,6 %
Rangfolge	2	1	3

Das Produkt mit dem höchsten Deckungsbeitrag II sollte verstärkt gefördert werden. Noch genauer ist das Kriterium Deckungsbeiträge II in Prozent der Verkaufserlöse (Nettoumsatzerlöse). Eine Produktrangliste zeigt Ihnen dann die rentabelsten Erzeugnisse. Die Ertragslage des Unternehmens wird verbessert, wenn der Verkauf dieser Erzeugnisse intensiviert wird.

> **Kurzfristige und langfristige Preisuntergrenze**
> Die kurzfristige Preisuntergrenze für ein Produkt ist erreicht, wenn der Stückpreis gerade die variablen Stückkosten deckt, d. h. db I = 0. Ein Unternehmen kann einige Monate auf die Fixkostendeckung verzichten. Die langfristige Preisuntergrenze liegt aber höher. Ein Produkt muss außer den variablen Stückkosten mindestens noch seine erzeugnisfixen Stückkosten erwirtschaften, d. h. db II = 0. Ein Beitrag zur Abdeckung der unternehmensfixen Kosten sollte auch erfolgen, weil langfristig alle fixen Kosten abgedeckt werden müssen.

5.3   Kennzahlen zur Erfolgskontrolle

Messungen zur Umsatzentwicklung und -analyse

Umsätze sind absolute Zahlen, die einen hohen Stellenwert für die Beurteilung eines Unternehmens haben. Es wird umso positiver beurteilt, je höher der Umsatz und die jährlichen Umsatzsteigerungen sind. Die Wachstumsrate ist neben der Rentabilität das wichtigste Kriterium für die Leistungsfähigkeit eines Unternehmens. Außerdem bestimmt das Umsatzvolumen neben der Höhe des Kapitals und der Beschäftigtenzahl die Größe eines Unternehmens. Oft wird sogar bei Größenvergleichen zwischen Unternehmen nur der Jahresumsatz herangezogen.

Einen globalen Überblick über die Absatzsituation können Sie sich mit der Gegenüberstellung der Umsätze aus mehreren Jahren verschaffen. Wie im folgenden Beispiel sollte die jährliche prozentuale Zu- oder Abnahme berechnet werden.

Absatzsituation

Die folgende Tabelle zeigt die Umsatzentwicklung (Beispiel):

Jahr	Verkauf in Mio. €	Veränderung in % gegenüber Vorjahr
01	50,0	
02	45,0	– 10,0 %
03	47,5	+ 5,5 %
04	55,2	+ 16,2 %
05	65,7	+ 19,0 %
06	70,3	+ 7,0 %
07	67,7	– 3,7 %

Werden die Verkaufsumsätze um Preissteigerungen bereinigt, dann entspricht eine Umsatzausweitung einem echten Wachstum. Die Umsatzzunahme lässt sich übersichtlich darstellen, wenn man den Umsatz eines bestimmten Jahres als Ausgangsbasis nimmt und gleich 100 setzt. Bei der Indexdarstellung des folgenden Beispiels ist 01 Basisjahr, auf das alle nachfolgenden Jahre bezogen werden.

Jahr	Verkauf in Mio €	Veränderung gegenüber Basisjahr 01 = 100
01	50,0	100
02	45,0	90
03	47,5	95
04	55,2	110,4
05	65,7	131,4
06	70,3	140,6
07	67,7	135,4

Umsatzanalyse nach Produkten

Die Verkaufsleitung interessiert sich insbesondere dafür, wie sich der Umsatz auf die verschiedenen Produkte bzw. Produktgruppen verteilt, welche Produkte die höchsten Umsätze erzielen und welcher Anteil am Jahresumsatz auf sie entfällt. Auch hier empfiehlt es sich, mehrere Jahre zu betrachten, um Verschiebungen sichtbar zu machen.

Die folgende Tabelle zeigt die Umsatzanalyse nach Produkten. Die erste Spalte zeigt jeweils die Umsatzentwicklung der Produkte A, B und C über vier Jahre in absoluten Zahlen; daneben sind jeweils die Prozentzahlen angegeben, die die Wachstumsdynamik einzelner Produkte noch viel deutlicher herausstellen.

Übersicht: Umsatzanalyse nach Produkten in Mio. € und Prozent

	2003	in %	2004	in %	2005	in %	2006	in %
Produkt A	3,0	30	3,2	27,8	3,5	27,1	4,1	26,8
Produkt B	5,0	50	5,2	45,2	5,2	40,3	5,1	33,3
Produkt C	2,0	20	3,1	27,0	4,2	32,6	6,1	39,9
Gesamt-umsatz	10,0	100	11,5	100,0	12,9	100,0	15,3	100,0

Anhand der Prozentzahlen lässt sich die Entwicklung des Produktes C innerhalb des Sortiments gut verfolgen: Während 2003 der Umsatz von C mit 2 Mio. € und einem Umsatzanteil von 20 % nicht halb so groß war wie der von B, war 2006 das Produkt C mit über 6 Mio. € und einem Umsatzanteil von rund 40 % der wichtigste Umsatzträger. Die relative Bedeutung des Produktes A ist trotz der Umsatzsteigerung von 3 auf 4 Mio. von 30 auf 26,8 % zurückgegangen. Das Produkt B hat zwar seinen Umsatz mit 5 Mio. € gehalten, am Gesamtumsatz fiel aber sein Anteil von 50 auf 33,33 %.

Achtung:
Strukturveränderungen bei Großunternehmen, z. B. in der Chemischen Industrie, sind nur erkennbar, wenn man die einzelnen Produkte zu übergeordneten Produktgruppen zusammenfasst.

Umsatzanalyse nach Absatzgebieten

Bei Unternehmen, die international operieren, ist von grundsätzlichem Interesse, wie sich der Gesamtumsatz auf Inland und Ausland aufteilt. Zusätzlich interessiert, auf welche Länder sich der Export verteilt. Entsprechend lässt sich auch das Inlandsgeschäft nach Bundesländern oder Regionen aufteilen. Möglich sind auch kombinierte Gliederungen, nach Absatzgebieten als auch nach Produkten.

Übersicht: Umsatzanalyse nach Absatzgebieten (Beispiel)

Gesamtumsatz		10 Mio. €	= 100 %
Inland		6 Mio. €	60 %
Ausland		4 Mio. €	40 %
Ausland		4 Mio. €	40 %
davon	Land A	1,5 Mio. €	15 %
	Land B	1 Mio. €	10 %
	Land C	0,6 Mio. €	6 %
	Land D	0,5 Mio. €	5 %
	Land E	0,4 Mio. €	4 %

Kennzahlen zur Verkaufsabwicklung

Die Verkaufsabwicklung reicht von der Vorbereitung des Kaufvertrages bis zur Auslieferung des Produkts. Sie umfasst Verkaufsgespräche, die Beantwortung von Kundenanfragen, die Angebotserstellung und die Abwicklung der dann tatsächlich erfolgten Bestellungen.

Angebots-
struktur

Die Kennziffern zur Angebotsstruktur zeigen Ihnen genauer, wie sich die abgegebenen Angebote auf die verschiedenen Möglichkeiten der Verkaufsanbahnung verteilen (direkte Anfragen, Anzeigen, Messegespräche etc.). Voraussetzung für realistische Zahlen ist allerdings, dass die Ursache bzw. der Anstoß für das erfolgte Angebot auch eindeutig nachvollzogen werden kann. So werden Verkaufsabschlüsse bei Messeauftritten sicher leichter zu berechnen sein als schriftliche Bestellungen, die sowohl auf eine Anzeige als auch auf Kundenempfehlungen hin erfolgt sein können.

$$\text{Angebotsstruktur} = \frac{\text{Angebotsabgabe aufgrund z. B. Anzeige} \times 100}{\text{Gesamtzahl der abgegebenen Angebote}}$$

Angebotserfolg

Eine wichtige Erfolgskennziffer ist der Angebotserfolg, der den Anteil der erhaltenen Aufträge in Prozent der insgesamt abgegebenen Angebote ausdrückt. Die Differenz zu 100 ergibt umgekehrt den Anteil der nicht zustandegekommenen Aufträge. Die Ursachen für die Ablehnungen sollten Sie weiterverfolgen und analysieren.

$$\text{Angebotserfolg} = \frac{\text{erhaltene Aufträge} \times 100}{\text{abgegebene Angebote}}$$

Analyse der Auftragslage

Auftrags-
struktur

Mit Kennzahlen zur Auftragsstruktur können Sie die Entwicklung der Aufträge bestens verfolgen. So sollten Sie Auftragseingänge und den Auftragsbestand permanent beobachten. Den gesamten Auftragseingang eines bestimmten Zeitraumes können Sie zu verschiedenen anderen Größen in Beziehung setzen und daraus bestimmte Schlüsse ziehen.

$$\frac{\text{Auftragseingänge}}{\text{Bezugsgröße}} = \text{Quotient}$$

So lassen sich z. B. folgende Bezugsgrößen in die Formel einsetzen:

- Anzahl der Kunden: ergibt den durchschnittlichen Auftragseingang pro Kunden,
- Anzahl der Aufträge: ergibt die durchschnittliche Auftragsgröße,
- Einwohnerzahl eines Verkaufsgebietes: durchschnittlicher Auftragseingang je Einwohner,
- Anzahl der Reisenden/Verkäufer: durchschnittlicher Auftrags-
erfolg pro Reisender/Verkäufer.

Die Kennzahl Auftragseingangsstruktur lässt sich nach den Kriterien   *Auftragsein-*
Erzeugnisse, Absatzgebiete oder Absatzwege gliedern. Diese Kriteri-   *gangsstruktur*
en erscheinen dann jeweils im Zähler der Formel, während der Ge-
samtauftragseingang im Nenner steht.

$$\text{Auftragseingangsstruktur (Verkaufsgebiete)} = \frac{\text{Auftragseingang nach Verkaufsgebieten} \times 100}{\text{Gesamtauftragseingang}}$$

$$\text{Auftragseingangsstruktur (Erzeugnisse)} = \frac{\text{Auftragseingang nach Erzeugnissen} \times 100}{\text{Gesamtauftragseingang}}$$

So können Sie sich etwa darüber informieren, wie viel Prozent der   *Auftragsbe-*
gesamten Auftragseingänge z. B. auf die Produkte A, B oder C ent-   *standsstruktur*
fallen. Entsprechend können Sie auch die Auftragsbestandsstruktur
darstellen.

$$\text{Auftragsbestandsstruktur} = \frac{\text{Auftragsbestand nach z. B. Erzeugnissen} \times 100}{\text{Gesamtauftragsbestand}}$$

Im Zähler des Bruches lassen sich ebenfalls die Kriterien Absatzgebiete oder Absatzwege einsetzen.

So messen Sie den Erfolg einer Werbeaktion

Parallel oder im Anschluss an Werbekampagnen wird in der Wer-   *Werbeerfolgs-*
beerfolgskontrolle geprüft, wie effektiv die Durchsetzungskraft der   *kontrolle*
eingesetzten Werbemittel war. Dabei geht es um den ökonomischen
Aspekt der Werbewirkung, also das Verhältnis von Mitteleinsatz
und erzieltem Mehrumsatz oder -absatz, aber auch um den psychi-

schen Effekt, etwa die Steigerung der Markenbekanntheit oder die Erinnerung an die Werbebotschaft. Die Abgrenzung des Erfolges einzelner Werbemaßnahmen von anderen Absatzmaßnahmen ist in der Praxis allerdings schwierig; die psychische Werbewirkung ihrerseits kann nur durch gezielte Befragungen (durch Marktforschung) ermittelt werden.

Erfolgreiche Werbung orientiert sich an vier Grundsätzen

* Wirksamkeit: Eine unwirksame Werbemaßnahme hat ihr Ziel verfehlt. Die Wahl der Werbemittel, die Originalität der Werbung, die Treffsicherheit bei der Zielgruppe und die stetige Wiederholung bestimmen die Werbewirksamkeit.
* Wahrheit: Die Werbung soll Vertrauen beim Umworbenen schaffen. Übertreibungen und Unwahrheiten beeinträchtigen die Wirksamkeit der Werbung.
* Klarheit: Die Werbeaussage muss deutlich, leicht verständlich und einprägsam sein.
* Wirtschaftlichkeit: Die Aufwendungen für die Werbung müssen in einem angemessenen Verhältnis zu ihrem Nutzen stehen.

Werbeerfolg   Über Absatz- und Umsatzgrößen wird die Kennzahl „Werbeerfolg" ermittelt. Sie errechnet sich aus dem Umsatzzuwachs, der sich nach der Kampagne ergeben hat, und den Kosten für die Werbung:

$$\text{Werbeerfolg} = \frac{\text{Umsatzzuwachs} \times 100}{\text{Aufwendungen der Werbeaktion}}$$

Tipp:

Sie können den Erfolg einer Werbemaßnahme an den Auswirkungen auf Umsatz, Gewinn oder Marktanteil messen.

Beispiel: Bestimmung der Werbewirkung über den Umsatz

Die Kosten einer Werbeaktion belaufen sich auf 48.000 €, der Produktpreis beträgt 140 €, der Stückgewinn 25 €. Das Unternehmen erhält auf seine Aktion hin 2.600 Bestellungen. Daraus ergibt sich ein Umsatzzuwachs von 2600 × 140 = 364.000 €.

$$\text{Werbeerfolg} = \frac{364.000 \times 100}{48.000} = 758\ \%$$

Durch den zusätzlichen Gewinn von: 2.600 × 25 = 65.000 € ergibt sich nach Abzug der Werbekosten von 48.000 € ein Werbegewinn von 17.000 €.

> **Achtung:**
>
> Diese Bestimmung der Werbewirkung über den Umsatz hat allerdings Grenzen; denn den Umsatz bestimmen auch andere Faktoren, allen voran das Verhalten der Konkurrenz, daneben auch saisonale oder konjunkturelle Einflüsse.

Abgesehen von diesen harten Daten machen in der Marktforschung besonders Messungen zur psychologischen Werbewirkung Sinn. In diesem Rahmen kann man z. B. untersuchen, welche Einstellung die Käufer zur Marke und zum Unternehmen haben, wie hoch der Bekanntheitsgrad der Marke/des Produkts ist oder welche Kaufabsichten vorliegen. Diese „weichen" Barometer für den Werbeerfolg können in der Regel nur durch Primärforschung, meist Befragungen, gemessen werden. Die Käufereinstellungen sollten über längere Zeit beobachtet werden, damit sich auch Verhaltensänderungen feststellen lassen, etwa wenn die Werbestrategie geändert wurde oder zusätzliche Werbemittel eingesetzt wurden.

Psychologische Werbewirkung

Bestimmung der Rücklaufquote

Mit der Direct-Response-Methode können Sie bei einer Reihe von Werbeaktionen leicht ermitteln, wie viele Adressaten auf die Werbung reagiert haben. Dahinter verbirgt sich nichts anderes als eine Beobachtung des Rücklaufs. Diese Methode wird im Versandgeschäft, aber auch von anderen Unternehmen praktiziert. Die Rücklaufquote kann im Zuge so unterschiedlicher Maßnahmen wie Mailings, Einladungen zur Werbepräsentation, Fragebogenaktionen oder Anzeigen in Zeitschriften eingesetzt werden. Voraussetzung ist, dass Antwortpostkarten, Faxvordrucke, Bestellscheine am Werbemittel angebracht sind, mittels derer der Kunde reagieren kann. Das Antwortmedium sollte für den Benutzer leicht zu handhaben sein, d. h. mit wenig Zeitaufwand ausgefüllt werden können,

Direct-Response-Methode

und darf dem Kunden keine Kosten verursachen („Gebühr bezahlt Empfänger" etc.). Die Resonanz der Werbung zeigt sich dann in den zurückgesendeten Antworten.

Bei der Überprüfung der Effizienz des eingesetzten Werbemittels ist die Rücklaufquote nur aussagekräftig, wenn keine anderen Werbemittel zeitgleich oder vorher eingesetzt wurden.

Beispiel:

Ein Unternehmen will 70 Händlern in seiner Region ein neues Produkt vorführen. Vier Wochen vor der Präsentation versendet es eine Einladung mit Antwortkarte. Darauf reagieren 56 Händler.

$$\text{Rücklaufquote} = \frac{56 \times 100}{70} = 80\ \%$$

Kauferfolg

Inwieweit eine Werbeaktion tatsächlich zu einem Kauf führt, wird in der Kennzahl Kauferfolg, auch Streuerfolg genannt, erfasst. Sie stellt eine Verbindung zwischen der Zahl der Kaufimpulse und der Zahl der Werbeadressaten her und ist damit ein wichtiges Instrument zur Erfolgskontrolle.

$$\text{Kauferfolg} = \frac{\text{Zahl der Bestellungen} \times 100}{\text{Zahl der Werbeadressaten}}$$

Beispiel:

Von den 70 Händlern, die eine Einladung zur Präsentation erhalten hatten, kauften schließlich 25 das neue Produkt. Der Kauferfolg lag damit bei:

$$\text{Kauferfolg} = \frac{25 \times 100}{70} = 35,7\ \%$$

5.4 Die Messung von Kundenzufriedenheit und Kundennutzen

Wo kann das Unternehmen seinen Kunden den größten Nutzen bieten? Der Kundennutzen muss ins Zentrum der strategischen Überlegungen rücken und ein dauerhafter Orientierungsmaßstab sein. Daneben ist die Kennzahl Kundenzufriedenheit wichtig. Untersuchungen in der Praxis belegen, dass nur Kunden, die ihre Kauferfahrung positiv einstufen, dem Unternehmen treu bleiben.

> **Tipp: Stellen Sie sich auf die Kundenbedürfnisse ein**
>
> Ein Unternehmen muss sich auf die Bedürfnisse der Kunden einstellen und optimale Werte bei der Kundenzufriedenheit erreichen. Und wenn Kunden begeistert sind, werden sie nicht nur langfristig Kunden bleiben, sondern auch noch für das Unternehmen werben. Gleichzeitig wird es immer wichtiger, dass Unternehmen ihre Hauptkunden intensiv und individuell betreuen und dabei auf ihre realen Bedürfnisse eingehen.

Analyse von Kunden- und Marktsegmenten

Ein Unternehmen muss seine Kunden- und Marktsegmente bestimmen. In Bezug auf Zielkunden und Marktsegmente sind Produkte und Dienstleistungen zu erbringen, die den Kundenanforderungen und -wünschen entsprechen. Wenn Sie die Bedürfnisse Ihrer Kunden, Ihrer Zielgruppe, besser befriedigen als Ihre Konkurrenten, dann bedeutet das einen Vorsprung im Wettbewerb.

Die sinnvolle Einteilung der Kunden und die Analyse der Anforderungen jeder Kundengruppe sind dabei wichtig. Sie können die Kunden etwa in Privat- und Geschäftskunden unterteilen, letztere wiederum nach der Höhe der Umsätze etc. | Bildung von Kundengruppen

Eine Segmentierung des Marktes nach dem Kundennutzen bedeutet, dass Sie den Nutzen des Kunden für bestimmte Segmente auch tatsächlich definieren können. Die einzelnen Kunden müssen Sie dann dem jeweiligen Segment zuordnen. Dann ist es möglich, auf die Bedürfnisse der Kunden näher einzugehen und kundenspezifische Dienstleistungen anzubieten. Im Rahmen des Kundennutzens (dem subjektiv wahrgenommenen Nutzen) müssen Sie auch das Preis-Leistungsverhältnis im Vergleich zu den Mitbewerbern untersuchen.

Zielsegmente Die gewählten Zielsegmente können Sie dann mit den entsprechenden Kennzahlen bewerten:

- Marktanteil
- Kundentreue
- Kundenakquisition
- Kundenrentabilität

Marktanteil Während die Kennzahl Marktanteil über den Umfang des Geschäftes des Unternehmens auf einem bestimmten Markt informiert, ist die Kundentreue Voraussetzung für die Erhaltung und Steigerung des Marktanteils. Die Kundentreue zeigt sich in der Anzahl oder dem Anteil der Wiederholungskäufe.

Kunden-akquisition Unternehmen wollen auch den Kundenkreis in ihrem Marktsegment vergrößern, was die Kennzahl Kundenakquisition erfasst. Sie beziffert das Verhältnis von neuen zu alten Kunden. Daneben sollten Sie den zusätzlichen Umsatz mit den neuen Kunden am bisherigen Gesamtumsatz messen.

Jedes Unternehmen will auch gute Kunden. Es strebt bei den Geschäftsabschlüssen mit seinen Kunden Rentabilität an, besonders in seinem Zielsegment. Unrentable Kunden müssen rentabel werden, durch z. B. eine neue Preisstrategie.

Achtung:
In vielen Absatzmärkten gestaltet sich die Gewinnung neuer Kunden schwierig und kostspielig.

Kundenanforderungen und Kundenwünsche

Konkrete Informationen zu Kundenanforderungen und -wünsche erhält man durch die Kontaktaufnahme mit ihnen. Hier bieten sich z. B. Umfragen, etwa in der Form von Mailings, Telefoninterviews oder Fokusgruppen, an. Auch Kundengespräche sind unverzichtbar, vor allem, wenn neue Produkte und Serviceleistungen geplant sind. Sie erhalten meist mehr Informationen zum Thema, wenn Sie die Kundenanforderungen durch ein Marktforschungsinstitut recherchieren lassen. Hier werden entsprechende Fachkräfte und professionelle Methoden eingesetzt.

Daneben sollten Sie unbedingt die Informationen nutzen, die Sie im Unternehmen „so nebenbei" von Ihren Kunden bekommen: das Kundenfeedback. Zu nennen wären hier allen voran die Beschwerden, aber auch Empfehlungen und anderes mehr.

Kundenfeedback

Beispiel:

Unternehmen der Investitionsgüterindustrien pflegen zu ihren Großkunden (Schlüsselkunden = Key Accounts) meist einen intensiven Kontakt. In der Konsumgüterindustrie hingegen ist die Kundenzahl meist sehr groß und der Kunde anonym – seine Bedürfnisse lassen sich nur durch Tests oder Stichprobenbefragungen erfassen.

Wovon ist die Kundenzufriedenheit abhängig?

Kundentreue und Kundenzufriedenheit sind in starkem Maße von den Produkteigenschaften und dem Service, den Erfahrungen beim Kauf und dem Image des Herstellers und seiner Produkte abhängig. Hier gibt es allerdings je nach Branche gewisse Abweichungen.

* **Produkt- und Serviceeigenschaften**
  - billig, fehlerfrei und zuverlässig
  - hervorragende Produkte und differenzierte Dienstleistungen gegen Aufpreis
  - Mode und Qualität zu einem vernünftigen Preis
  - fehlerfreie Produkte werden an den Arbeitsplatz geliefert, wenn auch etwas teurer als die Konkurrenz
* **Kauferfahrung und Kundenbeziehungen**
  - gewünschte Produkte sind vorrätig
  - freundliche und zuvorkommende Bedienung
  - kompetentes Verkaufspersonal
  - auf Kundenwünsche wird schnell reagiert
  - Zuverlässigkeit
* **Marke und Image des Herstellers**
  - Produktmarke verkörpert Anpassung und Kontinuität
  - attraktives Markenimage für Zielkunden
  - große Reputation des Herstellers

> **Kundenzufriedenheit**
>
> Kundenzufriedenheit lässt sich als ein positives Empfinden definieren, das eintritt, wenn die individuellen Anforderungen des Kunden von der wahrgenommenen Unternehmensleistung eingelöst werden.

Wie können Sie die Kundenzufriedenheit messen?

Regelmäßige Überwachung

Die Kundenzufriedenheit lässt sich mit harten und weichen Kennzahlen messen. Jede Umfrage sollte beide Arten von Informationen erforschen. Die Zufriedenheit des Kunden unterliegt allerdings Veränderungen. Eine regelmäßige Überwachung der berechneten Kennzahlen ist daher für eine erfolgreiche Kundenorientierung unabdingbar.

Harte Messungen der Kundenzufriedenheit

Harte Kennzahlen zur Kundenzufriedenheit machen Aussagen über das tatsächliche Kaufverhalten:

- Marktanteil im Vergleich zu Wettbewerbern
- Wiederholungsgeschäfte mit Kunden (Wiederholungsrate)
- verlorene Geschäfte mit Kunden (Abwanderungsrate)
- Warenrücksendungen von Kunden (Häufigkeit von Garantiemängeln), Beanstandungsquote, Beanstandungsstruktur

Wiederholungsrate

Der Marktanteil kann als Messlatte für die Kundenzufriedenheit gesehen werden. Wichtiger, aber schwer zu messen sind Wiederholungskäufe, vor allem im Handel oder in großen Dienstleistungsbetrieben, in denen keine Rechnungen erstellt werden. Nur wo Unterlagen über die Kaufgeschäfte vorliegen, lässt sich die Wiederholungsrate messen.

Abwanderungsrate

Die Abwanderungsrate umfasst die Anzahl all jener Kunden, die zur Konkurrenz wechseln – hier liegt eine ähnliche Problematik bei der Messung vor. Abhilfe kann eventuell durch Stichprobenbefragungen der Kunden geschaffen werden.

Warenrücksendungen

Die Kennzahl „Warenrücksendungen" ist zumindest ein Indikator für die Kundenzufriedenheit, wenn auch nicht jede Reklamation die Zufriedenheit des Käufers zwangsläufig beeinträchtigen muss: hier kommt es sicher auch darauf an, wie schnell und zuverlässig der Reklamationsservice funktioniert, ob und wie der Kunde entschädigt wird, wie freundlich die Mitarbeiter sind etc.

In Zusammenhang mit den Warenrücksendungen steht die Beanstandungsquote, die die Zahl der Beanstandungen in Prozent der Gesamtzahl der Lieferungen angibt. Noch aussagefähiger ist die Beanstandungsquote, wenn Sie den Wert der beanstandeten Lieferungen in Beziehung zum Wert der gesamten Lieferungen setzen.

Beanstandungsquote

$$\text{Beanstandungsquote} = \frac{\text{Wert der beanstandeten Lieferungen} \times 100}{\text{Wert der Lieferungen insgesamt}}$$

Mit der Kennzahl „Beanstandungsstruktur" können Sie klären, auf welche Anlässe sich die Beanstandungen verteilen. Eine Reklamation kann z. B. auf eine falsche Lieferung, Produktmängel, Transportschäden zurückgehen. Wenn Sie die Quoten einander gegenüberstellen, sehen Sie, welche Ursachen am häufigsten auftreten:

Beanstandungsstruktur

$$\text{Beanstandungsstruktur} = \frac{\text{Beanstandung Produktfehler} \times 100}{\text{gesamte Beanstandungen}}$$

Weiche Messungen der Kundenzufriedenheit

Weiche Kennzahlen geben Aufschluss über die Meinung der Kunden, z. B. Befragungen zum Produkt (Qualität, Design etc.), zum Service (Qualität des Kundenservice, Verhalten der Mitarbeiter, Zuverlässigkeit etc.).

Weiche Messungen erfahren Sie durch Umfragen, in denen Sie Ihre Kunden bestimmte Sachverhalte bewerten lassen und durch offene Fragen um zusätzliche Informationen über ihre Einstellung bitten. Wichtig dabei ist, keine Suggestivfragen zu stellen, auf die Sie von vornherein nur eine für das Unternehmen positive Antwort erhalten werden, etwa: „Hat sich der Service seit Ihrem letzten Besuch verbessert oder nicht?" Zu aussagekräftigeren Ergebnissen führt die Frage: „Mit wie vielen Punkten von maximal 100 würden Sie die Qualität unseres Service beurteilen?"

Bewertung durch Kunden

| Tipp: Sorgen Sie für konkrete Ergebnisse

Achten Sie darauf, dass die Antworten nicht sowohl als „relativ gut"
oder „relativ schlecht" interpretiert werden können, sondern konkrete
Ergebnisse auf einer Messskala darstellen. Dazu geben Sie ein Beno-
tungs- oder Punktvergabesystem vor.

Der Fragebogen sollte mindestens die Einstellungen zu folgenden
Punkten berücksichtigen und quantifizieren:

• Qualität der Produkte und Dienstleistungen insgesamt
• Erfüllung der Kundenwünsche
• Eingehen auf Probleme
• Geschäftsabwicklung

Offene Fragen beinhalten etwa:

• Wie könnten wir Ihre Zufriedenheit verbessern?
• Welche Produkt/Serviceleistungen vermissen Sie?

Daneben können Sie weitere Einzelheiten erfragen, etwa die
Freundlichkeit der Mitarbeiter, die Zuverlässigkeit des Service, die
Wartezeiten an den Kassen etc.

So erstellen Sie einen Index „Kundenzufriedenheit"

Zufriedenheits-
index

Sie können die harten und weichen Kennzahlen abschließend in
einem Index „Kundenzufriedenheit" zusammenfassen. In diesem
Index könnten beispielsweise 50 von 100 Punkten auf harte Messzahlen entfallen, z. B. Marktanteil 15 %, Wiederholungskäufe und
verlorene Kunden je 10 %, Einnahmen von bestehenden Kunden
15 %. Die weichen Messdaten wären dann ebenfalls mit 50 % am
Index beteiligt, z. B. Umfragen zur Kundenzufriedenheit 25 %, Fragen zum Produkt und zum Service 15 %, Beschwerden 10 %. Der
Zufriedenheitsindex sollte monatlich erstellt werden.

Übersicht: Kundenzufriedenheitsindex

Messbereich	Bewertung	Gewichtung	Gesamtpunkte
Marktanteil		15 %	
Wiederholungskäufe		10 %	
Verlorene Kunden		10 %	
Umsatz/Kunde		15 %	
Kundenzufriedenheit		25 %	
Produkt- und Service-		15 %	
Beschwerdeabteilung		10 %	
Index (Gesamtpunkte)		100 %	

Anmerkung: Niedrige (Punkt-)Zahl = schlechter, hohe (Punkt-)Zahl = guter Wert. Achten Sie bei der Kennziffer „verlorenen Kunden" auf die entsprechende Bewertung!

Checkliste: So ermitteln Sie die Kundenzufriedenheit	
Legen Sie eine geeignete Befragungsmethode fest (Interview, schriftlicher Fragebogen, Telefoninterview; Stichprobe etc.).	
Führen Sie die Befragung zu einem sinnvollen Zeitpunkt durch.	
Berücksichtigen Sie Quantitative und qualitative Daten.	
Formulieren Sie alle Fragen klar und konkret.	
Vergessen Sie nicht, auch offene Fragen zu stellen.	
Werten Sie die Kundenbefragung aus.	
Fassen Sie die Einzelaussagen der Befragung zu einem Index zusammen.	
Wiederholen Sie Befragung in regelmäßigen Abständen.	
Informieren Sie Ihre Mitarbeiter über die Ergebnisse der Befragung.	
Integrieren Sie den Zufriedenheitsindex ins Kennzahlensystem des Unternehmens.	

So bestimmen Sie den Kundennutzen

Auch ein zufriedener Kunde kann abwandern, wenn er das Produkt bei einem anderen Unternehmen billiger bekommen kann oder eine Alternative testen möchte. Die Kennzahl Kundenzufriedenheit allein genügt also nicht für eine Erfolgskontrolle im Kundenbereich. Der Kundennutzen ist eine umfassende Messgröße, bei welcher der wahrgenommene Kundennutzen, die Kundenzufriedenheit, die Wettbewerbsfähigkeit der Preise und die Serviceleistungen im Vergleich zur Konkurrenz hereinspielen. Besonders wichtig ist, dass das Preis-/Leistungsverhältnis gegenüber der Konkurrenz zur Geltung kommt.

> **Kundennutzen**
>
> Der Kundennutzen gibt darüber Auskunft, was dem Kunden an einem Produkt wichtig und auch etwas wert ist. Diese Beurteilung lässt sich nur per Befragung oder mit Tests bestimmen.

1. Schritt: Gewichtung der Produkteigenschaften

Für die Ermittlung des Kundennutzens vergeben die Kunden im ersten Schritt für alle Produkteigenschaften, die im Fragebogen aufgezählt werden, Punkte. So werden die Produkteigenschaften gewichtet. Die folgende Tabelle zeigt den Aufbau eines Fragebogens, der den Kundennutzen für zwei CD-Player im Vergleich untersucht:

Eigenschaften	Gewichtung	Produkt des Unternehmens A		Produkt des Unternehmens B	
	Punkte (0 bis 10)	Punkte	Gesamt	Punkte	Gesamt
Klangqualität					
Bedienungs-freundlichkeit					
Design					
Robustheit					
Übersichtliches Display					
Gesamt					

2. Schritt: Vergleich von Konkurrenzprodukten

Im zweiten Schritt könnten dann zwei Konkurrenzprodukte miteinander verglichen werden, indem die Befragten nochmals für jede Eigenschaft Bewertungspunkte, zum Beispiel auf einer Skala von 1 bis 10, vergeben. Diese Punkte werden dann mit der Gewichtung multipliziert und zusammengezählt.

Wenn Sie einen Index des Kundennutzens erstellen, dann muss dieser als harter Messwert die eigenen Preise im Verhältnis zu den Konkurrenten enthalten. Weiche Messwerte im Index sind Angaben zum wahrgenommenen Nutzen sowie die Meinungen zur Produktqualität und zum Service.

Tipp:

Sowohl ein Index zur Kundenzufriedenheit als auch einer zum Kundennutzen sollten fester Bestandteil des betrieblichen Kennzahlensystems sein.

6 Planung und Steuerung von internen Geschäftsprozessen

Leistungsmessungen bei den internen Geschäftsprozessen sollten regelmäßig erfolgen. So kann der Einkauf einen Beitrag zur Kostensenkung leisten, wenn er die Erkenntnisse der ABC-Analyse nutzt und sich mit den A-Gütern intensiv befasst. Eine Senkung der Kosten erreichen Sie auch durch die Anwendung der optimalen Bestellmenge.

Das bietet Ihnen dieses Kapitel

Dieses Kapitel behandelt die Verwendung von Kennzahlen zur Planung und Steuerung interner Geschäftsprozesse. Dazu zählen die Unternehmensbereiche Einkauf und Lieferung, Fertigung und Lagerhaltung, aber auch der Bereich Forschung und Entwicklung. Im Einzelnen erfahren Sie,

- wie Sie den Einkauf und die Lieferung von Waren und Dienstleistungen optimal steuern,
- wie Sie mit Kennzahlen Angebote vergleichen und die Lieferantenperformance beurteilen,
- wie Sie Ihr Lager wirtschaftlich führen,
- wie Sie die Effizienz der Produktion messen können,
- was die Break-even-Analyse leistet und
- wie Sie die Forschungs- und Entwicklungsaktivitäten in Ihrem Unternehmen mit Kennzahlen beurteilen.

6.1 Kennzahlen im Einkauf

Einkauf und Disposition richtig steuen

Die Beschaffungswirtschaft gliedert sich in den marktorientierten Einkauf und die eher routinemäßige Disposition. Der Einkauf erhält eine klare Preisverantwortung, während die Disposition die alleinige Verantwortung für den Lagerbestand trägt.

Beschaffungs-wirtschaft

Der Einkauf schließt die Verträge mit den Lieferanten ab und muss sich als Dienstleister im Unternehmen verstehen. Er leistet einen wichtigen Beitrag für eine reibungslose kontinuierliche Produktion. Seine Entscheidungen haben einen nachhaltigen Einfluss auf die Ertragslage des Unternehmens, denn er verfügt häufig über den größten Ausgabenposten aller Abteilungen: Bis zu 50 % des Gesamtumsatzes kann bei Industrieunternehmen das Volumen der Einkäufe erreichen.

Der Einkauf muss klug disponieren: So binden hohe Lagerbestände viel Kapital und vermindern den Kapitalumschlag. Andererseits müssen aber auch stets genügend Vorräte vorhanden sein, damit Produktionsunterbrechungen vermieden werden. Mit den Kennzahlen Mindestbestand und Meldebestand kann der Einkauf den reibungslosen Ablauf in der Materialwirtschaft überwachen. Im Lager werden sie zur Kontrolle der Wirtschaftlichkeit angewendet.

Einkaufsvolumen und Ertragslage

Das Einkaufsvolumen umfasst den Gesamtwert des Einkaufs und zeigt die kosten- und kapitalmäßige Bedeutung der Materialwirtschaft. Es beinhaltet:

Einkaufs-volumen

- Roh-, Hilfs- und Betriebsstoffe
- fremdbezogene Fertigteile für die Fertigung
- Handelswaren
- Energien, Frachten, Dienstleistungen,
- Maschinen, maschinelle Anlagen und Betriebsvorrichtungen
- Betriebs- und Geschäftsausstattung sowie Fahrzeuge

Zwischen der Entwicklung des Einkaufsvolumens – nebenbei ein wichtiger Indikator für die Größe der Einkaufsabteilung – und dem allgemeinen Geschäftsverlauf eines Unternehmens besteht ein enger

Zusammenhang. Durch eine Reduzierung dieser Größe oder einer Umsatzerhöhung wird eine Verbesserung der Ertragslage möglich:

$$\frac{\text{Einkaufsvolumen (Gesamtwert der Einkäufe)} \times 100\ \%}{\text{Umsatz}} = \dots \%$$

Bei der Bildung der Kennzahl Einkaufsvolumen zu Umsatz sollten Sie mehrere Perioden erfassen, deren Werte miteinander vergleichen und die Gründe für Abweichungen analysieren. Große Bedeutung hat auch der Vergleich mit anderen Unternehmen der Branche. Wenn Sie vom Einkaufsvolumen ausgehen, dann können Sie daraus verschiedene Kennzahlen ableiten. Das Einkaufsvolumen können Sie etwa auf die Zahl der Lieferanten beziehen:

$$\text{Durchschnittlicher Einkaufswert je Lieferant} = \frac{\text{Einkaufsvolumen}}{\text{Zahl der Lieferanten}}$$

Wichtige Informationen erhalten Sie auch, wenn Sie den Einkaufswert einzelner eingekaufter Artikel (Produkte) in Relation zum Einkaufsvolumen setzen. Diese Kennzahl können Sie später bei der ABC-Analyse heranziehen:

$$\text{Anteil des eingekauften Produkts am Einkaufsvolumen} = \frac{\text{Einkaufswert des Produkts} \times 100}{\text{Einkaufsvolumen}}$$

Beanstandungsquote Die wertmäßige Beanstandungsquote zeigt Ihnen, wie viel Prozent der Einkäufe am gesamten Einkaufsvolumen Grund zur Beanstandung gab:

$$\text{Beanstandungsquote} = \frac{\text{Wert der Beanstandungen} \times 100}{\text{Einkaufsvolumen}}$$

Die Beanstandungsquote kann weiter aufgeteilt werden in Rücksendungen, Wandlungen, Minderungen usw. Sie können die Beanstandungsquote auch zahlenmäßig führen; dann ist die Anzahl der Beanstandungen in Relation zur Gesamtzahl der Einkäufe zu setzen.

Bezugskostenquote Eine weitere Kennzahl ist die Bezugskostenquote, das Verhältnis von Bezugskosten zum Gesamtwert der Einkäufe:

$$\text{Bezugskostenquote} = \frac{\text{Bezugskosten der Periode} \times 100}{\text{Einkaufsvolumen}}$$

Entscheidungen über Lieferantenkredite

In den Bereich der Einkaufs- und Finanzpolitik gehört die Frage, ob Zahlungsziele bei Lieferanten in Anspruch genommen werden sollen. Die Kennzahl Kreditorenumschlag informiert Sie über die Zielgewährung; sie zeigt, wie oft im Jahr die Lieferantenverbindlichkeiten neu kreditiert werden.

Kreditorenumschlag

$$\text{Kreditorenumschlag} = \frac{(\text{Materialeinsatz} + \text{Fremdleistungen}) \times 100}{\text{Verbindlichkeiten}}$$

Durch die folgende Formel lässt sich das durchschnittliche Kreditorenziel in Tagen errechnen:

Kreditorenziel

$$\text{Durchschnittliches Kreditorenziel in Tagen} = \frac{360}{\text{Kreditorenumschlag}}$$

Das durchschnittliche Zahlungsziel gegenüber Lieferanten bei einem Kreditorenumschlag von 8 ergibt sich dann:

$$\text{Durchschnittliches Kreditorenziel in Tagen} = \frac{360}{8} = 45 \text{ Tage}$$

Die folgende Kennzahl zeigt Ihnen ebenfalls, in welchem Umfang sich Ihr Unternehmen bei seinen Lieferanten verschuldet. Sie erhalten jetzt in einem Schritt das durchschnittliche Zahlungsziel in Tagen:

$$\begin{array}{c}\text{Durchschnittliche Inanspruchnahme} \\ \text{von Zahlungszielen}\end{array} = \frac{\begin{array}{c}\text{Durchschnittlicher Bestand an} \\ \text{Lieferschulden} \times 360\end{array}}{\text{Rechnungseingang im Jahr}}$$

Lieferantenkredit oder Bankkredit?

Ungeachtet der möglichen negativen Wirkungen bei den Einkaufsverhandlungen ist der Lieferantenkredit in der Regel auch ein teurer Kredit. Das Unternehmen fährt meistens günstiger, Lieferantenrechnungen bar zu bezahlen und Skonti in Anspruch zu nehmen und sich einen Kredit bei der Hausbank einräumen zu lassen.

Beispiel: Skonto mit Bankkredit finanziert

Ein Unternehmen muss eine Rechnung über 7.000 € begleichen. Zahlungsbedingungen: Zahlung innerhalb von 10 Tagen mit 2 % Skonto oder 30 Tage netto. Das Unternehmen hat die Wahl, einen Bankkredit zu 11 % aufzunehmen, um den Skontoabzug wahrnehmen zu können, oder erst später zu zahlen, ohne einen Kredit aufnehmen zu müssen. Die Kreditaufnahme würde sich über 20 Tage erstrecken.

Der Skontoabzug errechnet sich wie folgt:

Rechnungsbetrag	7.000,00 €
– Skonto 2 %	140,00 €
= Überweisungsbetrag	6.860,00 €

Die Zinsen für den Bankkredit errechnen sich wie folgt:

$$Z = \frac{K \times p \times t}{100 \times 360} \qquad Z = \frac{6.860 \times 11 \times 20}{100 \times 360} = 41{,}92 \text{ €}$$

Z= Zinsen, K = Kredit, p = Zinssatz, t = Anzahl der Tage

Beim Vergleich des Skontoertrags und der Kreditkosten ergibt sich:

Skontoabzug	140,00 €
– Kreditkosten	41,92 €
Gewinn Skontoabzug	98,08 €

Effektivverzinsung

Der Skontoabzug mit gleichzeitigem Bankkredit lohnt sich also. Der Effektivzinssatz für den Skontoabzug und den Bankkredit sollte ebenfalls berechnet werden, denn er berücksichtigt alle anfallenden Kosten und ist damit genauer als der Nominalzinssatz.

Effektivverzinsung beim Skontoabzug: Zinsformel nach p auflösen

$$p = \frac{Z \times 100 \times 360}{K \times t} \qquad p = \frac{140 \times 100 \times 360}{6.860 \times 20} = 36{,}73 \text{ %}$$

Effektivverzinsung für den Kredit:

$$p = \frac{41{,}92 \times 100 \times 360}{6.860 \times 20} = 11 \text{ %}$$

Der Skontoabzug entspricht einem Jahreszinsfuß von 36,73 %, während für den Bankkredit lediglich 11 % gezahlt werden.

So berechnen Sie die optimale Bestellmenge

Die Beschaffungsplanung hat zum Ziel, die Fertigung mit dem benötigten Material zu versorgen – in der erforderlichen Menge, Qualität und zu günstigen Preisen. Hier fallen Entscheidungen über den Zeitpunkt der Beschaffung und über die Bestellmenge; bei letzterer ist insbesondere zwischen Beschaffungs- und Lagerkosten abzuwägen. Mit zunehmender Bestellmenge

- fallen die Bestellkosten pro Mengeneinheit. Diese Entwicklung ist auf Frachtvorteile, Mengenrabatte und Preisrabatte zurückzuführen, die mit zunehmendem Umfang der Bestellmenge, auf eine Mengeneinheit bezogen, zu Vorteilen führen.

- steigen aber auch die Lagerungs-, Zins-, Abschreibungskosten sowie die Risiken des Veraltens und der Qualitätsverschlechterung.

Eine wichtige Entscheidungshilfe ist hier die Kennzahl „optimale Bestellmenge". Sie weist die günstigste Kostensituation aus. Die Summe aus Beschaffungskosten und Lagerkosten bezogen auf die Mengeneinheit muss dabei möglichst gering sein.

Die optimale Bestellmenge

Ermittlung der optimalen Bestellmenge

Bei der rechnerischen Ermittlung der optimalen Bestellmenge geht man davon aus, dass der durchschnittliche Lagerbestand der halben Bestellmenge entspricht. Warum? Bei der Annahme einer kontinuierlichen Entnahme in der Periode ist das Lager am Beginn voll und am Ende leer. Folglich nimmt man die halbe Bestellmenge als den durchschnittlichen Lagerbestand.

$$\text{Durchschnittlicher Lagerbestand im Zeitraum} = \frac{\text{Bestellmenge im Zeitraum}}{2}$$

Beispiel: Bestimmung der optimalen Bestellmenge

Folgende Angaben liegen dem Beispiel zu Grunde:

Beschaffungsmenge in der Periode: 4.000 Stück

Preis je Stück: 18 €

Bestellkosten pro Auftrag: 70 €

Lagerkostensatz (ermittelt aus dem halben Lagerbestand): 0,05 €

Anzahl der Bestellungen	Bestellmenge* in Stück	Bestellkosten in €	durchschnittlicher Lagerbestand in €	Lagerkosten in €	Kosten insgesamt in €
10	400	700	3.600	180	880
9	444	630	3.996	199,8	829,8
8	500	560	4.500	225	785
7	571	490	5.139	256,95	746,95
6	667	420	6.003	300,15	720,15
5	800	350	7.200	360	710
4	1.000	280	9.000	450	730
3	1.333	210	11.997	599,85	809,85
2	2.000	140	18.000	900	1.040
1	4.000	70	36.000	1.800	1.870

* Die Bestellmenge wurde auf volle Stückzahlen auf- bzw. abgerundet.

Berechnung des Einkaufsvolumens

Bestellmenge × Einstandspreis = Einkaufsvolumen

also z. B.: 4.000 × 18 = 72.000 €.

Der durchschnittliche Lagerbestand entspricht dem halben Einkaufsvolumen, im vorliegenden Fall also 36.000 €.

Die optimale Bestellmenge

Die optimale Bestellmenge liegt dort, wo die Kosten insgesamt am niedrigsten sind; das wäre in der Tabelle bei 800 Stück, die fünfmal zu bestellen wären; hierbei fallen 350 € Bestellkosten und 360 € Lagerkosten an, also zusammen 710 €. Bei einer Bestellmenge von 667 Stück entstünden zwar nur 300,15 € Lagerkosten, aber 420 € Bestellkosten, was insgesamt einen höheren Wert ergibt. Entsprechend verhält es sich bei einer Bestellmenge von 1.000 Stück, wo nur 280 € Bestellkosten, dafür aber 450 € Lagerkosten anfallen, was insgesamt 730 € ergibt.

Die folgende Grafik veranschaulicht die Kostenentwicklung bei zunehmender Bestellmenge.

Optimale Bestellmenge

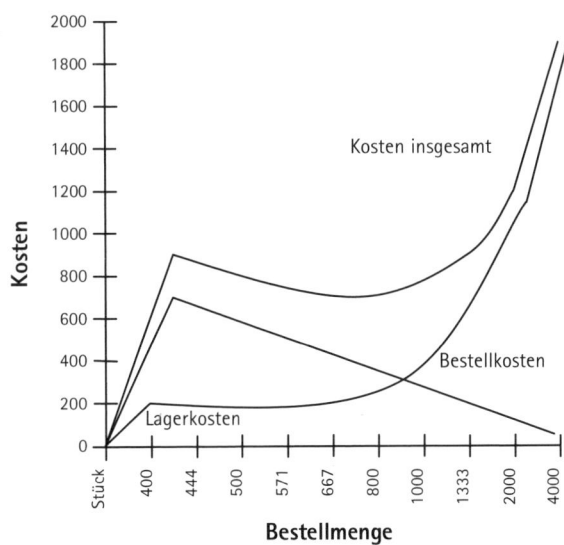

Berechnung der optimalen Bestellmenge nach der Formel

Die optimale Bestellmenge lässt sich mit der folgenden Formel auch rechnerisch ermitteln:

$$Xm = \sqrt{\frac{2\,M \times Bk}{p \times q}}$$

optimale Bestellmenge = Xm
Bedarfsmenge = M
konstante Bestellkosten = Bk
Einstandspreis = p
Lager- und Zinskostensatz = q

151

Für das Beispiel ergibt sich mit der Formel für die optimale Bestellmenge Xm folgender genauerer Wert:

Bedarfsmenge M = 4.000 Stück
konstante Bestellkosten Bk = 70 €
Einstandspreis p = 18 €
Lager- und Zinskostensatz q = 0,05

$$Xm = \sqrt{\frac{2 \times 4.000 \times 70}{18 \times 0,05}} = 788,8$$

Xm = 788,8 Stück, ergibt aufgerundet 789 Stück. Diese Formel gibt mit 789 Stück einen genaueren Wert an (Abweichung 11 Stück).

Woran orientiert sich die Größe der Bestellmenge?

Abteilungs-interessen

Hinsichtlich der Höhe der Bestellmenge und der Lagerbestände gibt es in den einzelnen Unternehmensbereichen unterschiedliche Auffassungen.

- Der Einkauf neigt dazu, möglichst große Mengen zu bestellen. Bei Großeinkäufen lassen sich auch günstigere Preise sowie Lieferungs- und Zahlungsbedingungen aushandeln. Die Lagerwirtschaft ist ebenfalls an großen Mengen interessiert, da sie aus der Verantwortung ist, wenn ausreichend Material vorhanden ist.
- Die Fertigung will flexibel reagieren und auch Sonderwünsche des Verkaufs erfüllen können. Daher strebt sie eher große Mengen an Roh-, Hilfs- und Betriebsstoffen an.
- Der Verkauf ist kundenbezogen orientiert und will die Abwicklung ausschließlich nach den Käufern ausrichten. Er verlangt volle Lieferbereitschaft, auch wenn dies der Fertigung und der Beschaffung Probleme verursacht.
- Finanzwesen und Geschäftsführung versuchen in der Regel, überhöhte Lagerbestände zu vermeiden, da diese viel Kapital binden und damit hohe Zinskosten verursachen.

Von der ABC- zur XYZ-Analyse

> **Die ABC-Analyse**
>
> Die ABC-Analyse ist eine Methode der Entscheidungsfindung, die Ihnen hilft, das Wesentliche vom Unwesentlichen zu trennen und die Prioritäten richtig zu setzen. Die ABC-Analyse ist damit ein Mittel zur Rationalisierung in allen Unternehmensbereichen. Bevorzugtes Anwendungsgebiet ist aber die Materialwirtschaft; in Industrie und Handel ist sie vor allem ein wichtiges Hilfsmittel für die Beschaffungsplanung.

Grundgedanke der ABC-Analyse

Der Grundgedanke der ABC-Analyse ist, dass unter einer Vielzahl von auftretenden Erscheinungen (z. B. Materialverbrauch) letztlich nur wenige Elemente wirklich wichtig sind. Daher sollten die entsprechenden Prioritäten gesetzt werden. Entsprechend der jeweiligen Bedeutung erfahren die Elemente eine Zuordnung in die Klassen A, B und C. Untersuchungen in der Praxis belegen z. B., dass ein großer Teil der gesamten Materialkosten in der Regel auf eine geringe Anzahl oft benötigter und häufig auch teurer Materialsorten entfällt. Dagegen verursachen die meisten anderen Materialien vergleichsweise geringe Kosten, weil sie unterdurchschnittlich am Einkaufsumsatz beteiligt sind. Diejenigen Bereiche jedoch, die für das Unternehmen besonders bedeutsam sind, erfordern eine viel intensivere Betreuung; so lässt sich letztlich eine Kostensenkung erreichen, wenn der Einkauf sich mit den umsatzstärkeren Produkten bzw. den Lieferanten mit großen Umsätzen besonders gründlich befasst.

Prioritäten setzen

So wird die ABC-Analyse durchgeführt

Die verschiedenen Materialpositionen werden sowohl mengenmäßig als auch wertmäßig dargestellt. Die einzelnen Artikel werden dann nach der Rangfolge der Werte geordnet. Alle Werte werden addiert. Der Gesamtwert wird dann in einen A-, B- und C-Bereich aufgeteilt. An der Stelle der Materialpositionen könnten auch die Umsätze der Lieferanten stehen.
Die folgende Tabelle zeigt Ihnen anhand von Beispielzahlen, wie Sie eine ABC-Analyse nach Gütern durchführen.

Bildung einer Rangfolge

153

Güter	Mengenanteil in %	Wertanteil in %
A-Güter	15 %	80 %
B-Güter	35 %	15 %
C-Güter	50 %	5 %

Bestimmung des Mengenanteils

A-Güter sind im Beispiel mit einem Anteil von 15 % an der Gesamtzahl aller Materialien beteiligt, erreichen aber wertmäßig einen Anteil von 80 % des gesamten Einkaufsumsatzes. Die B-Güter sind mittelwertig und erreichen bei 35 % der Materialpositionen einen wertmäßigen Anteil von 15 %. Die C-Güter sind mit 50 % zahlenmäßig stark vertreten, erreichen aber mit 5 % nur einen kleinen Anteil des Einkaufswertes.

Diese Zusammenhänge werden noch deutlicher, wenn die Mengen- und Umsatzwerte bzw. ihre Prozentanteile aufsummiert werden.

Güter	Mengenanteil in %		Wertanteil in %	
	einfach	kumuliert	einfach	kumuliert
A-Güter	15 %	15 %	80 %	80 %
A/B-Güter	35 %	50 %	15 %	95 %
A/B/C-Güter	50 %	100 %	5 %	100 %

Welche Konsequenzen ergeben sich aus der ABC-Analyse?

- Der Einkauf muss sich bei A-Gütern intensiv um günstige Preise und vorteilhafte Lieferungs- und Zahlungsbedingungung bemühen. Hier wirken sich schon geringe Verbesserungen in den Konditionen günstig auf die Ertragslage aus.
- Die Lagerbestände bei A-Gütern sind knapp zu halten, weil viel Kapital gebunden wird.
- Eine genaue Lagerbuchführung ist notwendig. Wenden Sie bei A-Gütern die bedarfsgesteuerte Materialdisposition an.
- C-Güter haben infolge ihres geringen Wertes nur wenig Einfluss auf die Wirtschaftlichkeit des Materialwesens. Hier können Sie deshalb auch kostengünstige Planungs-, Dispositions- und Beschaffungsverfahren einsetzen.

Beschaffungsplanung mit der ABC-Analyse

So können Sie vorgehen: Als erstes werden die regelmäßig zu beschaffenden Materialsorten in Tabellenform aufgelistet, z. B. Material-Nr. oder Artikel-Nr. in aufsteigender Reihenfolge. Anschließend werden die Bedarfsmengen der einzelnen Materialpositionen eines Jahres mit dem Einstandspreis multipliziert. Sie erhalten eine ungeordnete Teileaufstellung, die Sie in einem weiteren Schritt nach der Höhe des Einkaufsvolumens ordnen. Die Rangfolge erfolgt nach fallenden Bedarfs- bzw. Prozentwerten.

Beispiel: ABC-Analyse

Die Einkaufsabteilung eines Unternehmens hatte im abgelaufenen Jahr bei 10 Gütern folgende Beschaffungsmengen und Einstandspreise ermittelt (Spalte 2 und 3). Zunächst wird die Rangfolge aller Güter nach ihrem Wert bestimmt.

1. Schritt: Bestimmung der Rangfolge der Materialien nach ihrem Wert

Material Nr.	Bedarf in Stück	Einstands-preis Stück	Gesamt-wert	Mengen-anteil in %	Wert-anteil in %	Rang
01	14.000	0,40	5.600	17,5	1,4	9
02	25.000	0,20	5.000	31,25	1,25	10
03	6.000	3,00	18.000	7,5	4,5	6
04	8.000	7,90	63.200	10	15,8	3
05	1.500	34,00	51.000	1,875	12,75	4
06	700	22,00	15.400	0,875	3,85	7
07	100	840,00	84.000	0,125	21	2
08	16.000	1,50	24.000	20	6	5
09	7.000	0,90	6.300	8,750	1,575	8
10	1.700	75,00	127.500	2,125	31,875	1
	80.000		400.000	100	100	

155

2. Schritt: Erstellung einer Materialdatei nach der Höhe des Wertanteils am Beschaffungsvolumen

Material-Nr.	Gesamtwert	Wertanteil in %	Wertanteil kumuliert	Wertgruppe
10	127.500	31,875	31,875	A
7	84.000	21	52,875	A
4	63.200	15,8	68,675	A
5	51.000	12,75	81,425	A
8	24.000	6	87,425	B
3	18.000	4,5	91,925	B
6	15.400	3,85	95,775	B
9	6.300	1,575	97,35	C
1	5.600	1,4	98,75	C
2	5.000	1,25	100	C

3. Schritt Ermittlung des Beschaffungsvolumens nach A-Gütern, B-Gütern und C-Gütern

Klassen	Güter	Mengenanteil in %	Wertanteil in %	Beschaffungsvolumen
A-Güter	10,7,4,5	14,125	81,425	325.700
B-Güter	8,3,6	28,375	14,35	57.400
C-Güter	9,1,2	57,5	4,225	16.900
		100	100	400.000

Die A-Güter erreichen mit einem Mengenanteil von 14,1 % einen Wertanteil von 81,4 %. Die B-Güter liegen mit einen Mengenanteil von 28,4 % und einen Wertanteil von 14,3 % im Mittelbereich. Die C-Güter kommen auf einen Mengenanteil von 57,5 %, aber nur auf einen Wertanteil von 4,2 %. Die in der Praxis übliche wertmäßige

Einteilung von 80 % A-Gütern, 15 % B-Gütern und 5 % C-Gütern wird damit fast genau erreicht.

Die ABC-Analyse zeigt Ihnen, worauf Sie sich bei Ihren Einkaufsverhandlungen konzentrieren müssen. In anderen Bereichen können Sie mithilfe der ABC-Analyse auch Schwerpunkte herausarbeiten, z. B. bei den folgenden Fragen:

- Welches sind die wichtigen Rohmaterialien?
- Welche Bedeutung haben die verschiedenen Transportarten?
- Mit welchen Produkten wird der meiste Verkaufsumsatz erzielt?
- Wie sieht der Verkaufsumsatz, nach Kunden gegliedert, aus?

So wird die XYZ-Analyse durchgeführt

Die XYZ-Analyse ergänzt die ABC-Analyse. Während sich die ABC-Analyse mit der wertmäßigen Bedeutung der Güter befasst, berücksichtigt die XYZ-Analyse die Prognostizierbarkeit des Bedarfes. Die Ziele der Materialwirtschaft lassen sich leichter erreichen, wenn die nachgefragten Gütermengen nur geringen Schwankungen unterliegen und daher leichter vorhersehbar sind. *Prognostizierbarkeit des Bedarfes*

Wie bei der ABC-Analyse werden die Güter nach ihrer Vorhersehgenauigkeit in drei Gruppen unterteilt:

- X-Güter mit konstantem Bedarf sind gut prognostizierbar.
- Y-Güter sind solche Güter, die stärkeren saisonalen und konjunkturellen Schwankungen unterliegen und daher einen schwankenden Bedarf aufweisen (mittlere Prognostizierbarkeit).
- Bei Z-Gütern besteht unregelmäßiger Bedarf; sie sind damit schlecht prognostizierbar.

Wenn die zufälligen Schwankungen gering sind – so wie es bei einem X-Gut der Fall ist –, dann ist für ein solches Gut nur ein kleiner Sicherheitsbestand notwendig. Bei Gütern mit kleinen Bedarfsschwankungen lässt sich am leichtesten ein relativ kontinuierlicher Materialfluss mit kleinen Lagerbeständen organisieren. *Bedarfsschwankungen*

Wenn Sie die ABC-Analyse mit der XYZ-Analyse kombinieren, können Sie die Güter in 9 Kategorien einteilen. Dies zeigt die folgende Tabelle:

Gut	X	Y	Z
A	Wertanteil hoch Bedarf konstant	Wertanteil hoch Bedarf schwankend	Wertanteil hoch Bedarf unregelmäßig
B	Wertanteil mittelhoch Bedarf konstant	Wertanteil mittelhoch Bedarf schwankend	Wertanteil mittelhoch Bedarf unregelmäßig
C	Wertanteil niedrig Bedarf konstant	Wertanteil niedrig Bedarf schwankend	Wertanteil niedrig Bedarf unregelmäßig

AX-Güter zeichnen sich dann beispielsweise durch Regelmäßigkeit und ein hohes Beschaffungsvolumen aus. Diese Güter eignen sich deshalb bei Großunternehmen auch am besten für die „Just-in-time"-Beschaffung.

6.2 Angebotsvergleich und Lieferantenperformance

Angebots-
vergleiche
durchführen

Beim Einkauf wird unter mehreren Angeboten verschiedener Lieferanten das günstigste ausgesucht. Einfluss auf die Kaufentscheidung haben Preis, Qualität, Zuverlässigkeit und persönliche Beziehungen. Der preisgünstigste Einkauf erfordert ein genaues Prüfen und Vergleichen der eingehenden Angebote. Dabei sind technische und kaufmännische Bedingungen zu berücksichtigen, insbesondere die unterschiedlichen Rabattsätze sowie Lieferungs- und Zahlungsbedingungen. Im Angebotsvergleich muss daher zunächst der Bezugspreis für jeden einzelnen Anbieter errechnet werden.

> **Bezugspreis**
>
> Der Bezugspreis, auch Einstandspreis genannt, ist der Betrag, der zu zahlen ist, wenn das Gut im Unternehmen ankommt.

Qualitäts- und Leistungsvergleiche

Kriterien

Qualitäts- und Leistungsvergleiche können in vieler Hinsicht angestellt werden, lassen sich aber oft rechnerisch nicht genau erfassen. Die nicht quantifizierbaren Angebotsbedingungen müssen aber bei der Auftragsvergabe berücksichtigt werden, denn sie können sogar entscheidend sein. Qualitätsvergleiche können nach verschiedenen Kriterien vorgenommen werden:

- Lebensdauer und Nutzungsdauer
- Belastbarkeit
- Haltbarkeit (Lebensmittel)

Das billigste Angebot ist nicht unbedingt das geeignetste, vor allem wenn die Qualität des Produkts erheblich schlechter ist als die eines teureren Konkurrenzprodukts. Außer dem Preis sind daher auch stets die unterschiedlichen qualitativen Voraussetzungen zu berücksichtigen. Der Einkäufer wird in der Regel versuchen, das preiswerteste Produkt zu erwerben.

Beispiel: Angebotsvergleich nach dem Entscheidungkriterium Preis

Die Einkaufsabteilung erhält von den Anbietern A, B und C jeweils ein Angebot über die Lieferung von 3.000 Stück eines bestimmten Aggregats für die Fertigung. Die Qualität der Produkte der drei Lieferanten ist etwa gleich einzustufen. Anbieter A: 7 € je Stück ab Werk, abzüglich 5 % Rabatt, zuzüglich 115 € Transportkosten. Bei Zahlung innerhalb von 14 Tagen wird 2 % Skonto gewährt.
Anbieter B: 7,25 € je Stück, abzüglich 7 % Rabatt und Lieferung frei Haus; bei Zahlung innerhalb von 7 Tagen 3 % Skonto.
Anbieter C: 6,60 € je Stück netto Kasse. Die folgende Berechnung zeigt, dass Angebot B das günstigste Angebot darstellt.

	Anbieter A	Anbieter B	Anbieter C
Bruttopreis	21.000,00 €	21.750,00 €	19.800 €
– Lieferrabatt	1.050,00 €	1.522, 50 €	
= Zieleinkaufspreis	19.950,00 €	20.227,50 €	
– Lieferantenskonto	399,00 €	606, 83 €	
= Bareinkaufspreis	19.551,00 €	19.620,67 €	19.800 €
+ Bezugskosten	115,00 €		
= Einstandspreis	19.666,00 €	19.620,67 €	19.800 €

Das Instrument der Wertanalyse

Der Einkäufer als Problemlöser muss Funktionen und Nutzen eines Produkts erkennen: So muss er z. B. prüfen, ob die technischen Anforderungen an das Produkt bei einer geänderten Konstruktion, bei der die Herstellkosten niedriger ausfallen würden, nicht ebensogut erfüllt werden könnten.

Ein Instrument hierfür ist die Wertanalyse, die zwischen Haupt-, Neben- und unnötigen Funktionen unterscheidet. Letztere sind ersatzlos zu streichen, was Kosteneinsparungen bedeutet. Es wird aber nicht nur nach den Funktionen eines Produkts gefragt, sondern auch inwieweit sie für den Käufer (Kunden) wichtig sind.

Ziele der Wertanalyse

Qualitätsverbesserung, Steigerung des Kundennutzens und Kostensenkung können Ziele einer Wertanalyse sein. Eine höhere Wirtschaftlichkeit kann nicht nur über eine Senkung der Materialkosten angestrebt werden; auch bestehende Verfahren und Materialien können Sie kritisch untersuchen, Alternativen aufzeigen und nach ihrer Wirtschaftlichkeit prüfen und bewerten. Hier kann auch analysiert werden, ob bisherige Einsatzstoffe und Verpackungen durch kostengünstigere ersetzt werden sollen oder nicht.

So messen Sie die Lieferantenperformance

Lieferantenperspektive

Gerade bei Unternehmen mit geringer Fertigungstiefe ist die Betrachtung der Lieferantenperspektive besonders sinnvoll. Die Messung der Lieferantenperformance hat auch an Bedeutung gewonnen, weil viele Unternehmen Funktionen, die nicht ihre Kernkompetenz betreffen, nach außen verlagern. Outsourcing ist aber nur dann sinnvoll, wenn diese Firmen die Dienstleistungen besser und billiger als die Abteilungen im Unternehmen erbringen können.

Dass ein Unternehmen kundengerechte Produkte und Dienstleistungen zu Marktpreisen anbieten und im globalen Wettbewerbsdruck überleben kann, verlangt nicht nur die umfassende Nutzung der Fähigkeiten aller Mitarbeiter des Unternehmens in Technik, Marketing und Verwaltung, auch die Mitwirkung der Lieferanten und die Nutzung ihrer Potenziale ist gefragt.

Lieferantenbeurteilung

Die Messung der Lieferantenperformance erfolgt anhand eines Kataloges mit verschiedenen Messgrößen (Lieferantenbeurteilungsbogen). Hierzu sollten die Erfahrungen des Einkaufs und die Informationsquellen der Beschaffungsmarktforschung herangezogen werden. Wie bei der Kundenzufriedenheit zählen auch hier wieder sowohl rechnerische Faktoren als auch qualitative Gesichtspunkte. Wie zufrieden ein Unternehmen mit seinen Lieferanten ist, hängt in erster Linie stark von Preis, Nutzen und Preis-/Leistungsverhältnis ab.

Auswahl und Beurteilung von Lieferanten

Welcher Ihrer Lieferanten bietet Ihnen die günstigsten Konditionen? Dazu führen Sie im Angebotsvergleich zunächst rein rechnerische Vergleiche durch (Einstandspreis). Dann werden Sie nach der Qualität der Produkte fragen, der Einhaltung der Lieferfristen (Zuverlässigkeit), der Behandlung von Reklamationen und dem Kundendienst.

Die Entscheidungsbewertungstabelle

Die Entscheidungsbewertungstabelle soll qualitative Merkmale, die nicht so leicht quantifizierbar sind, mess- und damit auch vergleichbar machen. Dieses Hilfsmittel wird übrigens nicht nur bei der Lieferantenbeurteilung eingesetzt, sondern auch bei der Standortwahl, Bewerberauswahl und anderen Beurteilungen.

In einem ersten Schritt werden Informationen und Alternativen gesammelt. Bei einer Entscheidungsbewertungstabelle zur Lieferantenbeurteilung und -auswahl werden in dieser Phase die wirklich wichtigen Faktoren festgelegt, z. B. Preis, Zuverlässigkeit, Standort und Kundendienst des Lieferanten. Die gesammelten Informationen werden anschließend geordnet und vergleichbar gemacht.

Im zweiten Schritt werden die einzelnen Kriterien mit Punktzahlen bewertet. Entsprechend ihrer Wichtigkeit erhalten die einzelnen Entscheidungskriterien unterschiedlich hohe Punktzahlen. Die verschiedenen Lieferantenfaktoren werden also gewichtet in die Tabelle aufgenommen. Der Lieferant, der die beste Gesamtbewertung erhält, ist dann unter den gegebenen Bedingungen der optimale Lieferant.

Beispiel: Lieferantenauswahl

Ein mittelständisches Unternehmen ist auf seinen Absatzmärkten einem starken Wettbewerbsdruck ausgesetzt. Es wurde eine ABC-Analyse durchgeführt, um von der Einkaufsseite her eine höhere Wirtschaftlichkeit zu erreichen. Die Lieferanten A, B, C und D sind Lieferanten von A-Materialien. Diese vier Lieferanten sollen nun nach sieben Entscheidungskriterien beurteilt werden

1. Preis
2. Qualität
3. Termintreue
4. Technische Hilfe
5. Standort
6. Konditionen
7. Umweltverträglichkeit der Materialien

Jeder einzelne Lieferant kann für jedes Entscheidungskriterium mit maximal 5 Punkten bewertet werden: 5 Punkte = sehr gut, 4 Punkte = gut, 3 Punkte = befriedigend, 2 Punkte = ausreichend, 1 Punkt = mangelhaft, 0 Punkte = ungenügend.

In der folgenden Tabelle sind die einzelnen Entscheidungskriterien aufgeführt, nach denen die Lieferanten bewertet werden. Dabei wurde eine Gewichtung von 100 Punkten (bzw. 100 %) vorgenommen. In der Spalte „Gewicht" wird deutlich, dass 30 Punkte von 100 auf den Preis entfallen, der damit also dreimal so stark gewichtet wird wie z. B. das Kriterium „Standort", das mit 10 Punkten gewichtet wird. Den optimalen Lieferanten aus dem Spektrum A bis D erhalten Sie, wenn Sie die Punkte, mit denen die Lieferanten bewertet wurden, mit der Gewichtung multiplizieren. Anschließend wird die Gesamtpunktzahl jedes Lieferanten ermittelt.

Lieferantenbewertung nach der Entscheidungsbewertungstabelle

		Lieferant A		Lieferant B		Lieferant C		Lieferant D	
Kriterium	Gewicht	Punkte	gewichtet	Punkte	gewichtet	Punkte	gewichtet	Punkte	gewichtet
Preis	30 %	3	90	4	120	2	60	3	90
Qualität	20 %	4	80	5	100	5	100	2	40

		Lieferant A		Lieferant B		Lieferant C		Lieferant D	
Termintreue	15 %	4	60	3	45	4	60	3	45
Techn. Hilfe	5 %	4	20	4	20	5	25	2	10
Standort	10 %	5	50	4	40	3	30	4	40
Konditionen	10 %	4	40	3	30	4	40	4	40
Materialien	5 %	2	10	4	20	5	25	1	5
Umweltverträglichkeit	5 %	3	15	2	10	3	15	2	10
Summe	100 %		365		385		355		280

Die Höchstpunktzahl bei der Entscheidungsbewertungstabelle zeigt Ihnen den „leistungsfähigsten" Lieferanten. Der Lieferant B liegt im Beispiel mit 385 Punkten vor A mit 365 Punkten. Der Abstand von A zu C beträgt nur 10 Punkte. D schneidet dagegen mit 280 Punkten deutlich schlechter ab.

Tipp:

Nach diesem Verfahren lässt sich auch der Service von Firmen oder von Werkstätten beurteilen. Die Gewichtung der verschienen Kriterien könnte beispielsweise sein:

- Fehlerbehebung 35 Punkte
- Pünktlichkeit 20 Punkte
- prompte Bedienung 15 Punkte
- Erreichbarkeit 15 Punkte
- Freundlichkeit 15 Punkte

Grenzen der Entscheidungsbewertungstabelle

Die Entscheidungsbewertungstabelle stößt dann an ihre Grenzen, wenn die Abstände zwischen den einzelnen Lieferanten gering sind. Die Gewichtung gibt dann meist den entscheidenden Ausschlag: Welches Kriterium hat am meisten Gewicht, und welcher der Lieferanten erfüllt dieses am besten? Die Gewichtung ist aber stark von subjektiven Gesichtspunkten geprägt.

Entwicklung einer langfristigen Beschaffungsstrategie

Integration des
Lieferanten

Bei der Beschaffungsstrategie, die sich aus der übergeordneten Unternehmensstrategie ableitet, geht es darum, Lieferanten in das eigene Wertschöpfungssnetz zu integrieren. Während beim so genannten Einmalgeschäft ganz opportunistisch gehandelt wird und der Anbieter mit dem jeweils günstigsten Angebot den Zuschlag erhält, strebt man mit dem Systemlieferanten eine langfristige Partnerschaft an. Auch hier kann das Unternehmen natürlich gleichzeitig auf verschiedene Lieferanten setzen.

Strategisches Beschaffungsmanagement

Strategisches Beschaffungsmanagement hat zum Ziel, das Erfolgspotenzial eines Unternehmens durch eine optimale Einbindung seiner Lieferanten zu erhöhen. Zulieferer werden, wenn sie ganze Baugruppen liefern und die Garantie übernehmen, zu Systemlieferanten, d. h. sie werden in die Wertschöpfungskette integriert.

Tipp:

Legen Sie die Prioritäten bei der Lieferantenauswahl mithilfe der ABC-Analyse fest. Ihre Entscheidung sollten Sie nicht nur von den Lieferungen und Leistungen abhängig machen, sondern auch vom Know-how des Zulieferers.

Einbindung von
System-
lieferanten

Mit den Systemlieferanten werden langfristige Vereinbarungen angestrebt. Er muss sein Wissen, seine Forschungs- und Entwicklungskapazitäten bei der Fertigung und der Entwicklung eines neuen Produkts einbringen. Ihm wird auch absolute Qualität abverlangt (Null-Fehler-Ziel); Just-in-time-Lieferung und Offenlegung der Kalkulation können hinzukommen. Das Qualitätsmanagement des Lieferanten kann sogar „vor Ort" überprüft werden, was die Produktqualität sichert und herkömmliche Kontrollen beim Wareneingang überflüssig macht. Die Vielseitigkeit der Aufgaben erfordert direkte persönliche Kontakte, z. B. gemeinsame Qualitätszirkel, Projektmanagement oder Wertanalysen.

Vorteile einer fertigungsnahen Beschaffung

Die fertigungsnahe Beschaffung stimmt den Bedarf an Fertigungsma- *Just-in-time-* terial und Aggregaten zeitgenau mit der Fertigung ab. Die aktuellen *Lieferung* Verkaufsdaten bestimmen, welche Modelle hergestellt werden, und entsprechend erfolgen die Anlieferungen durch die Lieferanten: Material und Zubehör werden kurzfristig bestellt und direkt an das Montageband geliefert. Das Konzept vermindert somit die Materialbestände und Verweilzeiten erheblich und senkt damit Raum- und Zinskosten. Es eignet sich bevorzugt für Systemlieferanten, die A-Güter liefern und einen hohen Wertanteil am Gesamteinkauf erreichen.

6.3 Die wichtigsten Lagerkennzahlen

Meldebestand, durchschnittlicher Lagerbestand, Umschlagshäufigkeit und durchschnittliche Lagerdauer sind die wichtigsten Kennzahlen der Materialwirtschaft. Diese Lagerkennzahlen werden zur Kontrolle der Wirtschaftlichkeit im Lager eingesetzt.

> **Achtung:**
> Der Lagerbestand wird zu Einstandspreisen bewertet, also Einkaufspreis zuzüglich Bezugskosten. Auch der Wareneinsatz im Handel wird zu Einstandspreisen bewertet.

Berechnung des durchschnittlichen Lagerbestandes

Der Mittelwert aus Anfangsbestand und Endbestand ist die einfach- *Berechnung des* ste Form der Berechnung des durchschnittlichen Lagerbestandes: *Mittelwertes*

$$\text{Durchschnittlicher Lagerbestand} = \frac{\text{Anfangsbestand} + \text{Endbestand}}{2}$$

Die folgenden Kennzahlen zur Ermittlung des Lagerbestandes sind aber genauer, da sie Zufallseinflüsse durch die Berücksichtigung mehrerer Zeitpunkte ausschalten.

Der durchschnittliche Lagerbestand kann aus der Summe der vier Quartalsendbestände ermittelt werden. Man erhält dann genauere

Annäherungswerte. Diese Methode ist dann angezeigt, wenn die Daten der monatlichen Endbestände nicht verfügbar sind.

$$\text{Durchschnittlicher Lagerbestand} = \frac{\text{Summe der 4 Quartalsendbestände}}{4}$$

Der durchschnittliche Lagerbestand kann auch so ermittelt werden:

$$\text{Durchschnittlicher Lagerbestand} = \frac{\text{Jahresanfangsbestand} + 4 \text{ Quartalsendbestände}}{5}$$

Die Ergebnisse werden genauer, wenn der durchschnittliche Lagerbestand aus der Summe der monatlichen Endbestände berechnet wird:

$$\text{Durchschnittlicher Lagerbestand} = \frac{\text{Jahresanfangsbestand} + 12 \text{ Monatsendbestände}}{13}$$

Diese Formel kann auch etwas abgewandelt eingesetzt werden:

$$\text{Durchschnittlicher Lagerbestand} = \frac{\tfrac{1}{2} \text{ Anfangsbestand} + 11 \text{ Monatsbestände} + \tfrac{1}{2} \text{ Endbestand}}{12}$$

Achtung:
In Perioden steigender Preise erhöht ein Unternehmen seine Vorräte. Die Waren werden zum jetzt noch billigeren Preis auf Vorrat eingekauft. Andererseits werden in Baisseperioden geringe Bestände unterhalten, da die Waren in Zukunft billiger zu erhalten sein werden. Eine solche Beschaffungspolitik ist insbesondere bei an Warenbörsen gehandelten Rohstoffen festzustellen, z. B. bei Kakao, Kaffee, Tabak, Zink, Zinn.

Umschlagshäufigkeit und durchschnittliche Lagerdauer

Lagerumschlag

Die Umschlagshäufigkeit oder der Lagerumschlag kann ermittelt werden, wenn der Warenumsatz eines Jahres und der durchschnittliche Lagerbestand bekannt sind.

$$\text{Umschlagshäufigkeit (= Lagerumschlag)} = \frac{\text{Wareneinsatz (bzw. Warenumsatz)}}{\text{durchschnittlicher Lagerbestand}}$$

Bei der Anwendung der Formeln ist zu berücksichtigen, dass der Lagerbestand zu Einstandspreisen geführt wird. Folglich muss auch der Warenumsatz im Handel zu Einstandspreisen erfasst werden – und nicht zu den Verkaufspreisen. Diese Bedingung ist im Industrieunternehmen erfüllt, da der Stoffverbrauch zu Einstandspreisen verrechnet wird.

Beispiel:

Warenumsatz bzw. Stoffverbrauch in einem Jahr (Einstandspreise): 80.000 €

durchschnittlicher Lagerbestand: 10.000 €

Umschlagshäufigkeit: 8

$$\text{Lagerumschlag} = \frac{80.000}{10.000} = 8$$

Eine Umschlagshäufigkeit von 8 bedeutet, dass sich das Lager 8-mal pro Jahr umschlägt.

Die durchschnittliche Lagerdauer wird aus der Umschlagshäufigkeit abgeleitet.

Durchschnittliche Lagerdauer

$$\text{Durchschnittliche Lagerdauer} = \frac{360}{\text{Umschlagshäufigkeit}}$$

Bei einer Umschlagshäufigkeit von 8 beträgt nach obiger Formel die durchschnittliche Lagerdauer 45 Tage. Der Lagerbestand schlägt sich in 45 Tagen einmal um. Das bedeutet: Der Lagerbestand reicht für 1,5 Monate aus.

Achtung:

Bei gleichem Stoffverbrauch bedeutet ein geringerer durchschnittlicher Lagerbestand eine Erhöhung der Umschlagshäufigkeit und damit eine Freisetzung von Betriebskapital. Entsprechend hat eine Senkung der Kennziffer Umschlagshäufigkeit zur Folge, dass mehr Betriebskapital gebunden wird.

Maßnahmen zur Erhöhung der Umschlagshäufigkeit

Die Erhöhung der Umschlagshäufigkeit führt zu einer geringeren durchschnittlichen Lagerdauer und damit zu niedrigeren Lagerkosten.

Die folgende Tabelle zeigt, durch welche Maßnahmen sich die Umschlagshäufigkeit erhöhen lässt:

Zielbereich Einkauf	Zielbereich Lager	Zielbereich Absatz
• Kauf auf Abruf vereinbaren • Einkäufe genauer planen	• Meldebestände einführen • Höchstbestände angeben	• Mit Marketing Umsätze steigern • Sortiment straffen • Umschlagshäufigkeit für einzelne Produkte berechnen.

Die Kennzahl Lagerkostensatz

Beim Lagerkostensatz werden die tatsächlich entstandenen Lagerkosten in Beziehung zum durchschnittlichen Lagerbestand gesetzt:

$$\text{Lagerkostensatz} = \frac{\text{Lagerkosten} \times 100\ \%}{\text{durchschnittlicher Lagerbestand}}$$

Beispiel: Berechnung des Lagerkostensatzes

Angenommene Lagerkosten: 2.500 €
durchschnittlicher Lagerbestand: 197.270 €

$$\text{Lagerkostensatz} = \frac{2.500 \times 100\ \%}{197.270} = 1{,}27\ \%$$

So können Sie den Lagerkostensatz senken

1. Bei gleichem Lagerbestand Lagerkosten abbauen.
2. Mit den gleichen Lagerkosten ein größeres Volumen, also höhere Lagerbestände, bewältigen.

Ermittlung von Melde- und Mindestbestand

Eiserner Bestand

Der Lagerbestand eines Produktes darf einen bestimmten Mindestbestand nicht unterschreiten – sonst kommt es zu Engpässen. Der Mindestbestand wird deshalb auch als eiserner Bestand bezeichnet. Bevor diese Grenze erreicht wird, muss die Ware bestellt werden, da es ja auch eine Weile dauert, bis sie geliefert wird. Diesen Zeitpunkt bestimmt der Meldebestand: Wenn nicht rechtzeitig zu diesem Zeitpunkt bestellt wird, kann es zur Unterschreitung des Mindestbestandes kommen.

Der Meldebestand wird nach der folgenden Formel ermittelt: Meldebestand

Meldebestand = Verbrauch je Tag × Lieferzeit + Mindestbestand

Beispiel: Berechnung und Darstellung des Meldebestandes
Der Meldebestand ergibt sich bei einem täglichen Verbrauch von 40 Stück, einer Lieferzeit von 3 Tagen und einem Mindestbestand von 120 Stück nach der Formel:

40 Stück × 3 + 120 Stück = 240 Stück.

Ein Meldebestand von 240 Stück bedeutet, dass die Ware zu bestellen ist, wenn der Vorrat auf 240 Stück gefallen ist.

Die folgende Grafik zeigt die Zusammenhänge zwischen Mindestbestand und Meldebestand. Auf der x-Achse wird die Zeit aufgetragen, auf der y-Achse die Mengen. Der Mindestbestand beträgt 120 Stück, der Meldebestand 240 Stück. Bei einem täglichen Verbrauch von 40 Stück beträgt folglich die Reserve 3 Tage. Der Mindestbestand sollte aus Sicherheitsgründen nicht unterschritten werden.

Mindestbestand und Meldebestand

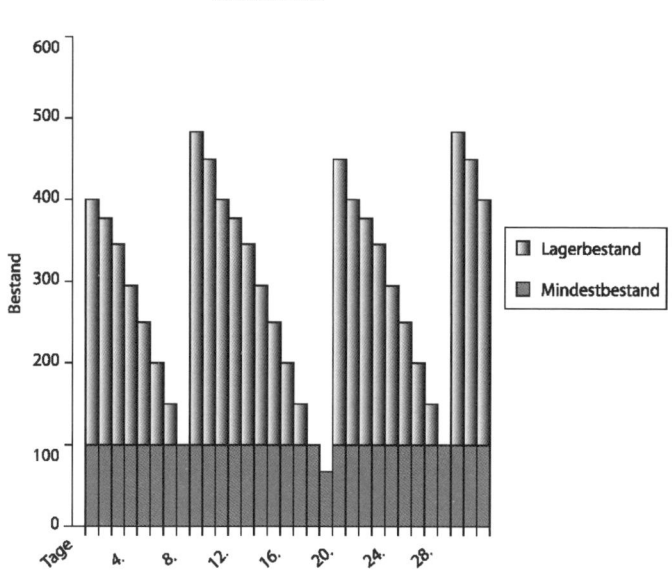

Entwicklung des Lagerbestandes

Wenn der Anfangsbestand 400 Stück beträgt, dann ist bei einem täglichen Verbrauch von 40 Stück das Lager nach 10 Tagen leer. Der Mindestbestand mit 120 Stück ist am 8. Tag erreicht. Da die Lieferung 3 Tage beträgt, ist der Meldebestand bereits am 5.Tag erreicht. An diesem Tag ist bereits zu bestellen, wenn später der Mindestbestand nicht unterschritten werden soll.

Am 5.Tag sind 240 Stück auf Lager, am 6. Tag 200 Stück, am 7. Tag 160 Stück und am 8.Tag 120 Stück. Da an diesem Tag die neue Sendung mit 400 Stück eintrifft, wird jetzt der Höchstbestand von kurzfristig 520 Stück erreicht. Der Lagerbestand beträgt an diesem Tag aber 480 Stück, da auch ein Lagerabgang von 40 Stück zu beachten ist. Die Kapazitätsgrenze des Lagers liegt bei 540 Stück.

Bei einem unveränderten täglichen Verbrauch von 40 Stück ist der nächste Meldebestand am 15. Tag erreicht. Bis zum 18. Tag fällt der Lagerbestand auf den Mindestbestand. An diesem Tag kommt aber wieder die neue Sendung, und der Lagerbestand steigt kurzfristig auf den Höchstbestand von 520 Stück.

> **Achtung:**
> Meldebestand und Mindestbestand werden bei einem höheren täglichen Verbrauch in einer kürzeren Zeitspanne erreicht bzw. erst später erreicht, wenn der tägliche Verbrauch sinkt.

Die Materialdisposition

Bedarfssteuerung

Die Materialdisposition stellt den Bedarf fest und meldet ihn dem Einkauf. Die Bedarfssteuerung kann dabei von festen Kundenaufträgen oder vom Verbrauch ausgehen:

- Liegen feste Kundenaufträge vor, stehen für die Bedarfsermittlung auch die entsprechenden Zahlen zur Verfügung. Dann bilden die Aufträge der Kunden die Grundlage für den Fertigungsplan und die herzustellende Menge. Dies führt unter Berücksichtigung der Stücklistenauflösung zu einem entsprechenden Bedarf an Roh-, Hilfs- und Betriebsstoffen sowie fremdbezogenen Fertigteilen.

- Verläuft sie verbrauchsgesteuert, dann geht die Bedarfsrechnung von den Daten der Vergangenheit aus. Höhere Fertigungszahlen der kommenden Periode werden entsprechend einkalkuliert. Das Bestellpunktverfahren gehört zu dieser Dispositionsart.

6.4 So messen Sie die Effizienz der Produktion

Veränderungen in der Kapazitätsauslastung

> **Kapazität**
> Die Kapazität ist das Produktions und Leistungsvermögen eines Betriebes in einer Zeiteinheit (z. B. Tag, Monat, Quartal), also das quantitative Leistungsvermögen von Maschinen oder Fertigungsanlagen. Dieser Begriff lässt sich auch auf organisatorische Einheiten wie Abteilungen anwenden.

Jede Änderung der Kapazitätsauslastung hat Auswirkungen auf Kosten, Erlöse und Gewinn. Erst ab einer bestimmten Schwelle des Kapazitäts- oder auch Beschäftigungsgrads fällt Gewinn an. Je größer ein Unternehmen und je verschiedenartiger seine Produktgruppen und Leistungen sind, desto schwieriger ist die Ermittlung der Kapazität und der Beschäftigungsgrad. Die Nutzung der Kapaziät kann in der Ausbringung erfasst werden: *Ausbringung*

- Menge (Stück, kg, l) oder
- Wert (Umsatz in €)

Maximalkapazität und Normalkapazität

Während die Maximalkapazität das maximale Leistungsvermögen der Arbeitskräfte sowie der Maschinen und Anlagen darstellt, entspricht die Normalkapazität der durchschnittlichen Leistung der Arbeitskräfte bei normaler Beanspruchung der Betriebsmittel. Die Normalkapazität liegt in der Industrie zwischen 75 und 90 % der maximalen Kapazität. Ein Beschäftigungsgrad oder Kapazitätsauslastungsgrad von 100 % entspricht der vollen Auslastung. Der Beschäftigungsgrad oder Kapazitätsauslastungsgrad ist die Relation von tatsächlicher zu möglicher Ausbringungsmenge:

$$\text{Kapazitätsauslastungsgrad} = \frac{\text{tatsächliche Ausbringungsmenge} \times 100\,\%}{\text{mögliche Ausbringungsmenge (Kapazität)}}$$

Beispiel:

Die mögliche Ausbringungsmenge eines Betriebes in einer Woche beträgt 10.000 Stück eines bestimmten Produktes. Es werden aber nur 7.700 Stück gefertigt. Dann entspricht dies einem Kapazitätsauslastungsgrad von 77 %.

Die folgenden Kennzahlen sind entsprechend anzuwenden:

$$\text{Kapazitätsauslastungsgrad} = \frac{\text{Ist-Erzeugung} \times 100\ \%}{\text{Kapazität}}$$

$$\text{Kapazitätsauslastungsgrad} = \frac{\text{Fertigungsstunden} \times 100\ \%}{\text{Kapazitätsstunden}}$$

Auslastung der betrieblichen Kapazitäten

Nutz- und Leerkosten

Die Begriffe Nutz- und Leerkosten erfassen den Tatbestand der Auslastung der betrieblichen Kapazitäten. Nutzkosten sind der Anteil der fixen Kosten, der sich auf die genutzte Kapazität bezieht.

Wenn eine Maschine oder Anlage voll ausgelastet ist, dann betragen die Nutzkosten 100 % und die Leerkosten 0 %. Wäre die Anlage dagegen nur zur Hälfte ausgelastet, dann erreichen die Nutzkosten 50 % und die Leerkosten 50 %. Es gilt folglich:

fixe Gesamtkosten	=	Nutzkosten	+	Leerkosten
K_f	=	K_{fN}	+	K_{fL}

Wie wirkt sich der Grad der Kapazitätsauslastung auf die einzelnen Kostenarten aus?

Auswirkung auf die fixen Kosten

Fixe Kosten sind unabhängig von der Kapazitätsauslastung, variable Kosten hingegen sind von ihr abhängig. Unabhängig von der Auslastung der Kapazität sind die so genannten „absolut fixen Kosten" immer gleich hoch. Sie bleiben so lange konstant, wie die Kapazität unverändert bleibt. Ihr Abbau kann oft nur durch schwerwiegende Entscheidungen erfolgen, z. B. Schließung oder Verkauf bestimmter Fertigungsabteilungen. Bei manchen fixen Kosten ist die Flexibilität größer. So können Werbekosten und die Ausgaben für Forschung und Entwicklung leichter abgebaut werden.

Ein Teil der fixen Kosten sind die so genannten „sprungfixen Kosten", die sich ändern können: Hat beispielsweise ein Handelsunternehmen mehrere Läden gemietet, dann sind zunächst die Mietkosten fix. Werden neue Läden angemietet, dann erhöhen sich die Mietkosten mit jedem neuen Laden um eine weitere Stufe. Entsprechend verhält es sich bei einem Industrieunternehmen, wenn es eine zusätzliche Werkzeugmaschine anschafft – dann steigen die fixen Kosten auf ein höheres Niveau.

Sprungfixe Kosten

Auswirkung auf proportionale, progressive und degressive Kosten

Kostenarten, die sich mit dem Beschäftigungsgrad verändern, heißen variable Kosten. Mit der Auslastung der Kapazität können sich die variablen Kosten wie folgt verändern:

- im gleichen Verhältnis (= proportionale Kosten, z. B. Materialkosten)
- stärker (= progressive Kosten, z. B. Überstundenzuschläge)
- schwächer (= degressive Kosten, z. B. bei Mengenrabatten)

Die folgenden drei Tabellen zeigen anhand von Beispielzahlen, wie sich die unterschiedlichen variablen Kosten entwickeln, wenn der Beschäftigungsgrad ansteigt.

Menge x variable Stückkosten = variable Gesamtkosten

Tabelle 1: Entwicklung der proportionalen Kosten

100 Menge (m)	20 Variable Stückkosten (€)	2.000 Variable Gesamtkosten (€)
200	20	4.000
300	20	6.000
400	20	8.000

Tabelle 2: Entwicklung der progressiven Kosten

100 Menge (m)	20 Variable Stück-kosten (€)	2.000 Variable Gesamtkosten (€)
200	21	4.200
300	23	6.900
400	26	10.400

Tabelle 3: Entwicklung der degressiven Kosten

100 Menge (m)	20 Variable Stück-kosten (€)	2.000 Variable Gesamtkosten (€)
200	19	3.800
300	17,50	5.250
400	15	6.000

Die folgende Übersicht zeigt Ihnen die Auswirkungen einer steigenden Beschäftigung auf die Kosten insgesamt und auf die Kosten pro Stück.

Fixe und variable Kosten bei steigender Kapazitätsauslastung		
	Kosten insgesamt	Kosten pro Stück
Fixe Kosten	bleiben konstant	nehmen mit steigendem Fertigungsvolumen ab
Variable proportionale Kosten	steigen parallel zum Fertigungsvolumen	bleiben konstant
Variable überproportionale Kosten	steigen überproportional an	steigen progressiv an
Variable unterproportionale kosten	steigen unterproportional an	steigen degressiv an

Die fixen Kosten pro Stück werden um so kleiner, je mehr die Ausbringungsmenge zunimmt. Da sich die variablen Gesamtkosten meist in gleicher Weise wie die Ausbringung verändern, bleiben die variablen Kosten pro Stück konstant.

$$\text{Stückkosten} = \text{variable Stückkosten} + \frac{\text{Fixkosten}}{\text{Menge}}$$

$$k = kv + \frac{Kf}{m}$$

Die gesamten Stückkosten fallen infolge der Fixkostendegression mit zunehmender Ausbringungsmenge. Dieser Sachverhalt der Kostendegression wird als das Gesetz der Massenproduktion bezeichnet.

Gesetz der Massenproduktion

Übersicht: Die einzelnen Kostenarten

Fixe Kosten	Größtenteils fixe Kosten	Fixe und variable Kosten	Größtenteils variable Kosten	Variable Kosten
• kalkulatorische Abschreibungen auf Gebäude, Anlagen, Maschinen	• Entwicklungs- und Versuchskosten	• Hilfslöhne	• Brenn- und Treibstoffe	• Fertigungsmaterial
• kalkulatorische Zinsen	• Werbekosten	• Sachkosten und Raumkosten	• Büromaterial, Postkosten	• Hilfsstoffe
• kalkulatorischer Unternehmerlohn	• Reisekosten	• Instandsetzungsmaterial	• Fertigungslöhne	• Verpackungsmaterial
• kalkulatorische Wagnisse	• Beratungskosten	• Gewerbesteuer	• Finanzspesen	• Sondereinzelkosten der Fertigung
• Gehälter und gesetzliche Sozialkosten	• Heizungskosten			• Ausgangsfrachten
• Anlagen- und Raummiete	• Beleuchtungskosten			• Sondereinzelkosten des Vertriebs
• Grundsteuer	• Reinigungskosten			• Abschreibungen nach Leistungseinheiten
• Versicherungsprämien, Gebühren	• freiwillige Sozialkosten			• Fertigungsstücklizenzen

175

6.5 Die Break-even-Analyse

Gewinnschwelle Die Gewinnschwelle oder Nutzenschwelle, in den USA als Break-even-Point bezeichnet, ist eine wichtige Zahl im Controlling. In der Break-even-Analyse lassen sich die Beziehungen zwischen Umsatzerlösen, Kosten und Gewinn übersichtlich darstellen. Dieses Instrument dient der Entscheidungsfindung im kurzfristigen Bereich, lässt sich aber auch in der Erfolgsplanung und -kontrolle einsetzen.

> **Break-even-Punkt**
>
> Der Break-even-Punkt bezeichnet den Wert, in dem die Summe der fixen Kosten und der variablen Kosten gleich dem Gesamterlös ist.

„Toter Punkt" Im Break-even-Punkt fällt weder Gewinn noch Verlust an; man spricht deshalb auch vom „toten Punkt". Ab dieser Kapazitätsauslastung gibt es Gewinn, davor liegt der Verlustbereich. Diese Kapazitätsauslastung ist notwendig, um die anfallenden Kosten decken zu können. Wird ein linearer Kostenverlauf vorausgesetzt, dann liegt das Gewinnmaximum an der Kapazitätsgrenze.

Bestimmung des Break-even-Punktes

Gesamtkosten- und Erlösgerade Die Kostengerade (K) schneidet im Break-even-Punkt die Erlösgerade (E). Es gilt also:

$$K = E$$

Die Kostengerade umfasst die fixen Kosten und die gesamten variablen Kosten:

$$K = Kf + Kv$$

Die Gesamtkosten sind mathematisch eine Funktion der Fertigungsmenge. Die Kosten (y) sind die abhängige Variable, während die Fertigungsmenge (m) die unabhängige Variable ist – solche unabhängigen Variablen können z. B. die Laufzeit der Maschinen, die verkauften Produkte, die Arbeitsstunden der Mitarbeiter sein. Die fixen Kosten finden in der Konstanten (b) ihren Niederschlag. Die Gesamtkosten (y) als lineare Funktion des Fertigungsvolumens (m) lautet dann:

$$y = a \times m + b$$

Angenommen, die Fertigungslöhne der Arbeiter erhöhen sich, dann steigen auch die variablen Stückkosten (a). Die variablen Gesamtkosten (a × m) steigen dann ebenfalls stärker an. Daneben bestimmt die Erlösgerade den Break-even-Punkt. Die Verkaufserlöse (E) werden vom Verkaufspreis (p) und der abgesetzten Menge (m) bestimmt. Die Erlösfunktion ist eine Gerade, wenn die Verkaufspreise je Einheit konstant bleiben:

Erlösgerade

$$E = m \times p$$

Ein höherer Verkaufspreis führt zu einer Erhöhung der Verkaufserlöse. Die Erlösgerade verläuft steiler und erreicht den Break-even-Punkt folglich früher, schon bei einer niedrigeren Beschäftigung.

Grafische Darstellung des Break-even-Punktes

Kosten, Erlöse und Break-even-Point

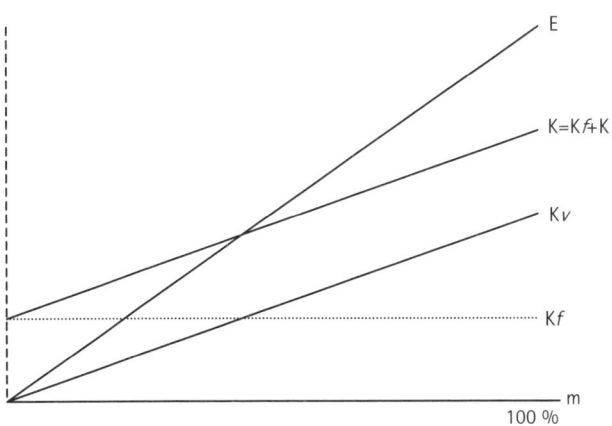

E = Erlösgerade
K = Gesamtkosten
K_V = Variable Gesamtkosten

K_f = Fixe Kosten
m = Menge (Kapazitätsauslastung)
100 % = volle Kapazitätsauslastung

So senken Sie den Break-even-Punkt

• Abbau von fixen Kosten
• sinkende variable Stückkosten
• höhere Verkaufserlöse

Stückkosten und Stückerlöse in der Break-even-Analyse

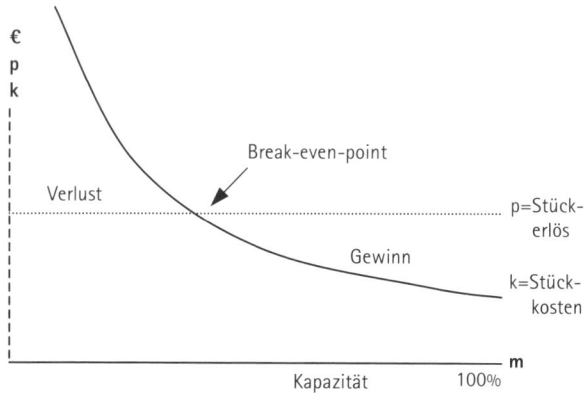

Der Stückerlös (p) ist der Verkaufspreis pro Einheit. Wenn alle Produkte zum gleichen Verkaufspreis abgesetzt werden, dann ist der Stückpreis eine Parallele zur x-Achse.

Erlöse = Preise × Menge

E = p × m

Wird eine lineare Kostenfunktion zu Grunde gelegt und von konstanten Verkaufspreisen ausgegangen, dann lässt sich für ein Einproduktunternehmen eine Gewinnschwelle und ein Gewinnmaximum ermitteln; letzteres wird an der Kapazitätsgrenze erreicht.

Berechnung des Break-even-Punktes mit Formeln

Gewinn

Der Gewinn ist die Differenz zwischen den Gesamterlösen und den Gesamtkosten. Die produzierte bzw. verkaufte Menge bestimmt die Höhe des Gewinns bzw. Verlustes.

Gewinn (bzw. Verlust) = Gesamterlös – Gesamtkosten

An der Gewinnschwelle (Nutzenschwelle) sind Gesamtkosten und Gesamterlöse gleich hoch. Im Break-even-Punkt gilt folglich:

Erlöse (E) = Kosten (K)

Da die Erlöse sich aus dem Stückpreis (p) multipliziert mit der verkauften Menge (m) ergeben, die Kosten sich aus fixen Kosten (K_f) und variablen Kosten (K_v) zusammensetzen, gilt auch:

$$m \times p = K_f + K_v$$

Die variablen Gesamtkosten ergeben sich aus den variablen Stückkosten (k_v) und der Menge (m). Die vorige Gleichung lässt sich dann wie folgt zum Break-even-Punkt auflösen:

$$m \times p = K_f + K_v \times m$$

$$m \times p - K_v \times m = K_f$$

$$m \, (p - K_v) = K_f$$

$$m = \frac{K_f}{p - K_v}$$

$$\text{Break-even-Punkt} = \frac{\text{fixe Kosten}}{\text{Stückerlös} - \text{variable Stückkosten}}$$

Diese Formel ist insofern wichtig, weil die Differenz von Stückerlös und variablen Stückkosten dem Deckungsbeitrag pro Stück entspricht. Die Formel kann deshalb auch folgendermaßen geschrieben werden: *Nutzenschwelle*

$$\text{Nutzenschwelle (Break-even-Punkt)} = \frac{\text{fixe Kosten}}{\text{Deckungsbeitrag}}$$

Das folgende Zahlenbeispiel zeigt die Zusammenhänge zwischen Kosten, Erlösen, Gewinnschwelle und Gewinnmaximum.

Beispiel:

Ein Profit-Center hat fixe Kosten von 60.000 €, die variablen Kosten liegen bei 25 € pro Stück und die Verkaufserlöse bei 40 €.

$$\text{Break-even-Punkt} = \frac{60.000 \,\text€}{40 \,\text€/\text{Stück} - 25 \,\text€/\text{Stück}} = 4.000 \,\text{Stück}$$

Die folgende Tabelle zeigt die Gewinnentwicklung dieses Unternehmens:

Menge (m)	Ver- kaufs- erlöse 40 € × m	Variable Kosten 25 € × m	Deckungs- beitrag 15 € × m	Fixe Kosten	Gewinn/ Verlust
0	0	0	0	60.000	− 60.000
1.000	40.000	25.000	15.000	60.000	− 45.000
2.000	80.000	50.000	30.000	60.000	− 30.000
3.000	120.000	75.000	45.000	60.000	− 15.000
4.000	160.000	100.000	60.000	60.000	0
5.000	200.000	125.000	75.000	60.000	+ 15.000
6.000	240.000	150.000	90.000	60.000	+ 30.000
7.000	280.000	175.000	105.000	60.000	+ 45.000

Das Unternehmen erzielt einen Verlust, wenn die Verkäufe unter den Break-even-Punkt von 4.000 Stück fallen. Oberhalb davon befindet sich das Unternehmen im Gewinnbereich. Das Gewinnmaximum liegt bei der Kapazitätsgrenze von 7.000 Stück und beträgt 45.000 €.

Berechnung des finanziellen Break-even-Punktes

Ausgabenwirk-
same Kosten

Der wirtschaftliche Break-even-Punkt beinhaltet sämtliche Kosten. Anders der finanzielle Break-even-Punkt, der nur die ausgaben-wirksamen Kosten berücksichtigt, z. B. Löhne und Gehälter, Ausgaben für Einkäufe. Abschreibungen werden beispielsweise nicht erfasst, da sie keine Ausgaben verursachen. Kalkulatorische Zinsen, kalkulatorischer Unternehmerlohn und kalkulatorische Miete führen ebenfalls zu keinen Ausgaben, sind damit ebenfalls keine ausgabenwirksamen Kosten. Diese Beträge sind von der Summe der fixen Kosten abzuziehen. Der finanzielle Break-even-Punkt liegt damit bei einer niedrigeren Kapazitätsauslastung als der wirtschaftliche Break-even-Punkt.

$$\text{Finanzieller Break-even-Punkt} = \frac{\text{fixe Kosten (ausgabenwirksam)}}{\text{Deckungsbeitrag}}$$

Die nicht ausgabenwirksamen Kosten wären im vorigen Beispiel von der Summe der fixen Kosten in Höhe von 60.000 € abzuziehen. Angenommen, die ausgabenwirksamen Kosten betrügen im besprochenen Beispiel 40.000 €, dann ergibt sich der finanzielle Break-even-Punkt wie folgt:

$$\text{Finanzieller Break-even-Punkt} = \frac{40.000}{15} = 2.666,67 \text{ Stück}$$

Gekrümmte Kostenkurve im oberen Bereich der Kapazität

Werden eine lineare Kostenfunktion und konstante Verkaufspreise vorausgesetzt, dann erreicht das Unternehmen das Gewinnmaximum an der Kapazitätsgrenze. Hier hat der Betrieb auch die niedrigsten Stückkosten. In der betrieblichen Praxis stellt man aber fest, dass ab einer bestimmten Kapazitätsauslastung verschiedene Kostenarten überproportional ansteigen. Wenn dieser Sachverhalt zu Grunde gelegt wird, dann liegen Ausbringungsmenge mit maximalem Gewinn und optimaler Kostenpunkt vor der Kapazitätsgrenze und bei verschiedenen Beschäftigungsgraden. Möglich ist dann auch, dass es noch einen oberen Break-even-Punkt vor der Kapazitätsgrenze gibt.

Überproportionale Kostensteigerung

Achtung:

Bis zum Break-even-Punkt befindet sich das Unternehmen in der Verlustzone. Im optimalen Kostenpunkt arbeitet das Unternehmen mit den niedrigsten Kosten, während im Gewinnmaximum der höchste Gewinn erzielt wird. Break-even-Punkt, optimaler Kostenpunkt und Gewinnmaximum sind wichtige Instrumente des Controllings im Rahmen der Erfolgsplanung und -kontrolle.

So können Sie das Betriebsergebnis verbessern

Ergebnisverbesserungen sind durch folgende Maßnahmen möglich:

* Erhöhung der Verkaufsmenge: Sie führt zu einer Zunahme der Verkaufserlöse und des Deckungsbeitrages, wodurch das Betriebsergebnis verbessert wird.

* Senkung der fixen Kosten: Eine Reduzierung der fixen Kosten ermöglicht bei unverändertem Umsatz eine entsprechende Verbesserung des Betriebsergebnisses.

* Senkung der variablen Kosten pro Stück: Eine Verminderung der variablen Stückkosten bewirkt eine Abnahme der variablen Gesamtkosten und damit eine entsprechende Erhöhung des Deckungsbeitrages.
* Erhöhung des Verkaufspreises pro Stück: Eine Erhöhung des Verkaufspreises pro Stück führt bei unveränderten Gesamtkosten zu einer Zunahme der Verkaufserlöse.

Weitere Kennzahlen um den Break-even-Punkt

Deckungsbeitrag pro Stück

Wenn Sie die betriebsbedingten Aufwendungen (= Grundkosten) in fixe und variable Kosten trennen, dann ist die Verbindung zwischen der Break-even-Analyse und der zweistufigen Deckungsbeitragsrechnung hergestellt.

Gesamtdeckungsbeitrag = gesamte Umsatzerlöse – gesamte variable Kosten

$$\text{Deckungsbeitrag pro Stück} = \frac{\text{Gesamtdeckungsbeitrag}}{\text{Menge}}$$

Wenn Sie die Umsatzerlöse bzw. die Betriebsleistung mit 100 % ansetzen, dann können Sie die Aufwendungen bzw. Kosten auf diese Größe beziehen und erhalten so wichtige Kennzahlen. Die Differenz zwischen den Umsatzerlösen und den variablen Kosten ergibt den Deckungsbeitrag I.

Zweistufige Deckungsbeitragsrechnung (Beispiel)

Umsatzerlöse (Betriebsleistung)	10.000.000 €	100 %
– variable Kosten	5.200.000 €	52 %
= Deckungsbeitrag I	4.800.000 €	48 %
– fixe Kosten, ausgabenwirksam	1.800.000 €	18 %
= Deckungsbeitrag II (Cashflow)	3.000.000 €	30 %
– fixe Kosten, nicht ausgabenwirksam	1.600.000 €	16 %
= Gewinn vor Ertragssteuern	1.400.000 €	14 %

Deckungsbeitragsrate

Sie können auch die Deckungsbeitragsrate ermitteln, die den Deckungsbeitrag in Prozent des Umsatzes (Betriebsleistung) angibt:

$$\text{Deckungsbeitragsrate} = \frac{\text{Deckungsbeitrag} \times 100}{\text{Umsatzerlöse}}$$

Den Break-even-Umsatz können Sie mit der folgenden Formel be- Break-even-
rechnen, wenn die Umsatzerlöse, die fixen Kosten und die variablen Umsatz
Kosten bekannt sind.

$$\text{Break-even-Umsatz} = \frac{\text{fixe Kosten}}{1 - \frac{\text{variable Kosten}}{\text{Umsatzerlöse}}}$$

Im Nenner des Bruches erscheint der Prozentsatz des Deckungsbei-
trags. Daraus ergibt sich die folgende Formel.

$$\text{Break-even-Umsatz} = \frac{\text{fixe Kosten}}{\text{Deckungsbeitrag in Prozent}}$$

Der Beschäftigungsgrad für den Break-even-Umsatz errechnet sich Beschäftigungs-
aus dem Break-even-Umsatz und den gesamten Umsatzerlösen. grad

$$\frac{\text{Beschäftigungsgrad}}{\text{Break-even-Punkt}} = \frac{\text{Break-even-Umsatz} \times 100}{\text{Umsatzerlöse insgesamt}}$$

Die Kennzahlen Sicherheitsstrecke und Sicherheitsgrad

Zwischen der Deckungsbeitragsrechnung und der Break-even-
Analyse gibt es noch weitere Verbindungen, die sich in den Kennzahlen Sicherheitsstrecke und Sicherheitsgrad zeigen. Beide informieren darüber, ab wann eine mögliche negative Entwicklung der
Umsätze zu Verlusten führt.

Die Sicherheitsstrecke gibt an, um wie viel Euro der Umsatz fallen Sicherheits-
kann, bis der Break-even-Punkt erreicht wird. Die Differenz zwi- strecke
schen den derzeitigen Umsatzerlösen und dem Break-even-Umsatz
wird als Sicherheitsstrecke bezeichnet.

Sicherheitsstrecke = Umsatzerlöse – Break-even-Umsatz

Der Sicherheitsgrad zeigt, um wie viel Prozent der Umsatz fallen Sicherheitsgrad
kann, bevor der Break-even-Punkt, erreicht wird. Der Sicherheitsgrad ist das Verhältnis von Sicherheitsstrecke und Umsatzerlösen.

183

Sie sehen, wie groß die Reserve für das Unternehmen bei einem bestimmten Umsatz und gegebenen fixen und variablen Kosten ist.

$$\text{Sicherheitsgrad} = \frac{(\text{Umsatzerlöse} - \text{Break-even-Umsatz}) \times 100}{\text{Umsatzerlöse}}$$

Achtung:
Nicht nur die absolute Höhe des Gewinns ist wichtig, sondern auch, mit welcher Sicherheit er erreicht wird.

Umsatzrendite   Wenn Sie den Sicherheitsgrad und die Deckungsbeitragsrate kennen, dann können Sie die Umsatzrendite nach der folgenden Formel berechnen:

Umsatzrendite = Sicherheitsgrad × Deckungsbeitragsrate

Beispiel:
Wenn 10.000.000 € Umsatz, 3.400.000 € fixe Kosten, eine Deckungsbeitragsrate von 0,48 % und ein Break-even-Umsatz von 7.083.333 € zu Grunde gelegt werden, ergibt sich:

Sicherheitsstrecke = 10.000.000 – 7.083.333 = 2.916.667 €

$$\text{Sicherheitsgrad} = \frac{10.000.000 - 7.083.333 \times 100}{10.000.000} = 29,17\ \%$$

Umsatzrendite: 29,17 × 0,48 = 14 %

Auslagerung betrieblicher Aktivitäten

Outsourcing   Make or buy? Diese Frage stellt sich häufig in Industriebetrieben und betrifft meist den Sachverhalt, ob einzelne Teile eines zusammengesetzten Endprodukts vom Unternehmen selbst hergestellt oder von Dritten gekauft werden sollen. Die Auslagerung betrieblicher Aktivitäten an Dritte durch Outsourcing kann sich aber auch auf Aktivitäten der Verwaltung und interne Dienstleistungen beziehen.

Outsourcing

Beim Outsourcing werden Tätigkeiten, die andere Unternehmen besser und billiger ausführen können, an Dritte übertragen. Häufige Beispiele hierfür sind Kantinenessen oder Werbemaßnahmen. Das große Angebot an Spezialisten erleichtert eine Verlagerung von Aufgaben nach außen. Zurück bleibt das „schlanke Unternehmen", das dann nur noch einen geringen eigenen Wertschöpfungsanteil aufweist.

Nachteile der Eigenproduktion

Die Herstellung von einzelnen Teilen eines komplexen Produkts oder eines ganzen Erzeugnisses erfordert entsprechende Fertigungskapazitäten im Unternehmen. Hierzu benötigt man Maschinen, technische Anlagen sowie Personal. Ein Kapazitätsaufbau führt zu höheren Fixkosten, wodurch sich der Break-even-Punkt nach oben verschiebt. Die Gewinnschwelle wird also erst bei einer höheren Ausbringungsmenge erreicht. Dies bedeutet für ein Unternehmen auch einen Verlust an Flexibilität.

Beispiel: Ab wann lohnt sich die Eigenproduktion?

Eine bestimmte Komponente zu einem Produkt des Unternehmens A könnte in Eigenproduktion gefertigt oder von einem Lieferanten bezogen werden. Folgende Daten sind zu berücksichtigen:

Eigenfertigung: Fixe Kosten im Jahr: 350.000 €
variable Stückkosten: 0,90 €

Fremdbezug: Einstandspreis pro Stück: 7 €.

Der Break-even-Punkt, ab dem die Eigenfertigung kostengünstiger als der Fremdbezug ist, errechnet sich wie folgt: $7x = 0,9x + 350.000$; $x = 57.377$. Die Eigenproduktion ist aus Kostenüberlegungen erst sinnvoll, wenn die Fertigungsmenge über 57.377 Stück liegt. Wenn sie darunter liegt, dann ist es günstiger bei Dritten einzukaufen.

So leicht ist eine klare Antwort auf die Frage „Make or buy?" nicht zu bekommen. Die endgültige Entscheidung hängt nämlich nicht nur von den kostenmäßigen Faktoren ab, eine Rolle spielt auch die verfügbare Fertigungskapazität, die Qualität der gekauften Produkte und die Einhaltung der Liefertermine durch die fremden Hersteller. Berücksichtigen Sie bei Ihrer Entscheidung also auch solche qualitativen Aspekte. *Fazit*

Zumindest, wenn andere Unternehmen einzelne Komponenten, Aggregate oder Dienstleistungen billiger oder besser herstellen können, dann werden diese eher eingekauft werden. Kostenargumente treten dann aber in den Hintergrund, wenn durch den Fremdbezug von Produkten und Dienstleistungen eine Gefahr für das eigene Know-how oder Spezialkenntnisse besteht.

> **Tipp: Prüfen Sie alle möglichen Dienstleistungen**
>
> Ziehen Sie bei Make-or-buy-Entscheidungen alle möglichen Dienstleistungen in die Analyse ein. überlegen Sie, ob Marktuntersuchungen und Werbeaufgaben besser vom eigenen Unternehmen oder von Marktforschungsinstituten und Werbeagenturen wahrgenommen werden können. Im Bereich der Verwaltung stellt sich die Frage: eigene Rechtsabteilung oder fremder Rechtsanwalt, eigene EDV-Anlage oder fremdes Rechenzentrum? Bei den Werkstätten des Unternehmens müssen Sie prüfen, ob die eigenen Mitarbeiter teurer als Fremdhandwerker sind.

Die Kennzahlen Produktivität und Wirtschaftlichkeit

Produktivität und Wirtschaftlichkeit sind harte betriebswirtschaftliche Kennzahlen, die vor allem die Effizienz der Fertigung offenlegen.

Produktivitätskennzahlen

Produktivität

Produktivitätskennzahlen sind rein technische Messzahlen, die den Leistungseinsatz (= Input) und das Leistungsergebnis (= Output) einander mengenmäßig gegenüberstellen:

$$\text{Produktivität} = \frac{\text{Ausbringungsmenge (Output)}}{\text{Faktoreinsatz (Input)}}$$

Der Leistungseinsatz umfasst z. B. Arbeitsstunden und Materialverbrauch, das Leistungsergebnis drückt sich oft in der Stückzahl aus.

$$\text{Produktivität} = \frac{\text{Produktionsleistung (Ausbringung in Stück, m, kg, l)}}{\text{Einsatz von Materialmenge, Arbeitszeit, Sachkapital}}$$

Arbeits-
produktivität

Die Arbeitsproduktivität, auch als Arbeitszeitproduktivität bezeichnet, ist das Verhältnis von Leistungsmenge und Zahl der Arbeiter bzw. Beschäftigten. Die Kennzahl wird aussagekräftiger, wenn die Ausbringungsmenge einer Periode auf die geleisteten Arbeitsstunden bezogen wird. Krankheiten und Überstunden der Mitarbeiter sind dann ebenso wie Kalenderunregelmäßigkeiten automatisch herausgerechnet.

$$\text{Arbeitsproduktivität} = \frac{\text{Ausbringung (z. B. Monat)}}{\text{geleistete Arbeitsstunden (im Monat)}}$$

Arbeitsproduktivität

Die Arbeitsproduktivität errechnet sich als Quotient der Ausbringungsmenge durch die geleisteten Arbeitsstunden. Investitionsmaßnahmen verändern die Arbeitsproduktivität

Mit zunehmender Mechanisierung und Automatisierung gewinnt die Anlagenproduktivität an Aussagekraft.

Anlagenproduktivität

$$\text{Anlagenproduktivität} = \frac{\text{Ausbringungsmenge}}{\text{gefahrene Maschinenstunden}}$$

Die Ergiebigkeit des Kapitaleinsatzes wird in der Kapitalproduktivität gemessen, welche die Ausbringungsmenge zu Sachkapital, z. B. Stück zu Kapitaleinsatz, in Beziehung setzt.

Kapitalproduktivität

$$\text{Kapitalproduktivität} = \frac{\text{Ausbringungsmenge}}{\text{Sachkapital}}$$

Die ökonomische Kennzahl „Wirtschaftlichkeit"

Die Wirtschaftlichkeit errechnet sich aus dem Verhältnis von Erträgen zu Aufwendungen bzw. dem Verhältnis von Leistungen zu Kosten.

Wirtschaftlichkeit

$$\text{Wirtschaftlichkeit} = \frac{\text{Erträge}}{\text{Aufwendungen}}$$

Ein Unternehmen arbeitet wirtschaftlich, wenn die Erträge größer als die Aufwendungen sind; die Kennzahl muss also über 1 liegen. Sind die Erträge hingegen kleiner als die Aufwendungen (Kennzahl unter 1), sollten rasch sinnvolle Maßnahmen ergriffen werden, die die Wirtschaftlichkeit wieder erhöhen. Die Daten erhalten Sie übrigens aus der Geschäfts- oder Finanzbuchhaltung, die die Höhe der Aufwendungen und Erträge ermittelt. Die Kostenrechnung liefert die Zahlen über die Leistungen und Kosten.

Die Kennzahl der Wirtschaftlichkeit des Betriebes heißt Betriebskoeffizient. Hierbei werden all jene Aufwendungen und Erträge aus
der Geschäftsbuchhaltung herausgefiltert, die für die Beurteilung des
eigentlichen Betriebszweckes unwichtig sind:

$$\text{Wirtschaftlichkeit des Betriebes} = \frac{\text{Leistungen (Betriebserträge)}}{\text{Kosten}}$$

Wirtschaftlichkeit und Arbeitszeitproduktivität

Während die Produktivität nur die technische Ergiebigkeit des Fertigungsprozesses erfasst, fließen in die Wirtschaftlichkeit auch die
Preise auf den Märkten ein. Produktivität und Wirtschaftlichkeit
müssen sich deshalb nicht zwingend parallel entwickeln.

Beispiel:

Die Hilser GmbH fertigte im November und Dezember in jeweils 1.600
Arbeitsstunden und Kosten von 450.000 € 12.000 Stück. Der Nettover-
kaufspreis wäre aber von 45 €/Stück im November auf 40 €/Stück im Dezember zurückgegangen. Die Arbeitszeitproduktivität errechnet sich als
Quotient der Ausbringungsmenge durch die geleisteten Arbeitsstunden.

November

$$\text{Arbeitszeitproduktivität} = \frac{12.000}{1.600} = 7,5$$

$$\text{Wirtschaflichkeit} = \frac{12.000 \times 45}{450.000} = 1,2$$

Dezember

$$\text{Arbeitszeitproduktivität} = \frac{12.000}{1.600} = 7,5$$

$$\text{Wirtschaftlichkeit} = \frac{12.000 \times 40}{450.000} = 1,067$$

Die Arbeitszeitproduktivität war im Dezember gegenüber dem November unverändert geblieben. Die Wirtschaftlichkeit ist dagegen von 1,2
auf 1,067 stark zurückgegangen, eine Folge des Rückgangs des Verkaufspreises von 45 € auf 40 €.

6.6 Beurteilung von Forschungs- und Entwicklungsaktivitäten

In welchem Umfang ein Unternehmen über Forschungs- und Entwicklungskapazitäten verfügt, können Sie anhand absoluter Zahlen feststellen wie:

* Zahl der Beschäftigten im F&E-Bereich
* Höhe der laufenden Kosten
* Höhe der Kosten für Investitionen

Welche Bedeutung ein Unternehmen der Forschung und Entwicklung beimisst, lässt sich auch durch den Anteil der F&E-Mitarbeiter an der gesamten Belegschaft erkennen; allerdings spielt natürlich hier auch die Branche eine entscheidende Rolle. *Anteil der F&E-Mitarbeiter*

$$\frac{\text{Beschäftigte in Forschung und Entwicklung} \times 100}{\text{Gesamtbelegschaft}} = ... \%$$

Die folgende Tabelle zeigt anhand von Beispielzahlen, wie sich der Anteil der Beschäftigten im Bereich Forschung und Entwicklung an der Gesamtbelegschaft in den Jahren 1 bis 4 verändert hat.

Jahr	Gesamtbelegschaft	Beschäftigte in Forschung und Entwicklung	%
01	6.460	294	4,6
02	6.570	312	4,7
03	6.620	342	5.2
04	6.810	348	5,1

Auch die Kompetenz der in den Laboratorien und Entwicklungsabteilungen beschäftigten Mitarbeiter, ist ein Indikator für die Entwicklungsperspektive. So können Sie prüfen, wie hoch der Anteil derer ist, die ein naturwissenschaftliches Studium absolviert haben. Mit dieser Zahl bestimmen Sie das Forschungspotenzial des Unternehmens. *Kompetenz der F&E-Mitarbeiter*

Kennzahlen aus dem Personalbereich wie Weiterbildungsstunden oder die Fluktuationsrate beeinflussen das globale Entwicklungspotenzial eines Unternehmens erheblich.

Aufwendungen für Forschung und Entwicklung

Forschungs-
kosten

Die immer komplexer werdenden Produkte erfordern mehr For-schungs- und Entwicklungsarbeit. Außer den laufenden Kosten für Forschung, Entwicklung und Anwendungstechnik sind die Investi-tionen zu berücksichtigen. Die Forschungsintensität eines Unter-nehmens wird in der Relation Forschungsbudget zu Jahresumsatz gemessen. Diese Kennziffer sollte jährlich erhoben werden.

$$\frac{\text{Aufwendungen für Forschung und Entwicklung} \times 100}{\text{Jahresumsatz}} = \dots \%$$

Achtung:
Der Prozentsatz der Forschungskosten am Umsatz ist für pharmazeuti-sche Produkte besonders hoch, für Konsumartikel niedrig.

Wie lässt sich Kreativität fördern und messen?

Jede Innovation beginnt als Idee. Die Entwicklung neuer Ideen kann durch bestimmte Methoden gefördert werden; im Kasten finden Sie eine Übersicht über die wichtigsten Kreativitätstechniken.

Übersicht: Die wichtigsten Kreativitätstechniken

W-Fragen	Osborn-Fragen-katalog	Brain-Storming	Morpho-logische Methode	Synthetik
Was? Wie? Warum? Wo? Wer?	Anregungen werden durch Anpassungen an Personen, Sachen oder die Natur gefunden. Kombinationen, Änderungen, Vermehrungen und Vermin-derungen liefern eben-falls Ideen.	Verfahren der Ideenfindung in Gruppen durch Beiträge der Teilnehmer; vorgetragene Ideen ausbau-en, auch ausgefallene Ideen sollen eingebracht werden.	Das zu lösende Problem wird in Teilprobleme zerlegt. Für diese werden einzelne Lösungsalter-nativen gesucht. Die Teillösungen werden ins übergeordnete Problem eingebracht.	Verfahren zur Suche von Alternativen für die Lösung eines Problems. Dabei werden Methoden der Verfremdung und der stufenweisen Durchdringung angewandt.

Kennzahlen für das Ideenmanagement

Den Erfindungsreichtum Ihrer Mitarbeiter sollten Sie in die Analyse Ihres Innovationspotenzials einbeziehen. Mit entsprechenden Verhältniszahlen lassen sich Maßstäbe für Ihr Ideenmanagement festlegen. Denkbar wären hier z. B. Kennzahlen wie:

- eingebrachte Ideen (insgesamt, pro Mitarbeiter, pro Team)
- verwirklichte Ideen (insgesamt, pro Mitarbeiter, pro Mitarbeiter in F&E)
- Anzahl der Versuchsmodelle bzw. Prototypen
- Anteil der verwirklichten Prototypen

Tipp: Achten Sie auch auf Anregungen Ihrer Kunden

Produktideen erhält ein Unternehmen zwar von den eigenen Mitarbeitern. Viel wichtiger sind aber oft, zumindest für mittelständische Betriebe, die Anstöße von außen, etwa von Kunden, Lieferanten und Konkurrenten.

Messungen im Forschungs- und Entwicklungsbereich

Innovativ zu sein bedeutet, neue Produkte, aber auch neue Verfahren auf allen Ebenen und in allen Bereichen des Unternehmens zu entwickeln. Neue Produkte werden vor allem durch Modeänderungen und Geschmackswandel, Erfindungen und Verbesserungen in der Technologie, Werbung oder eine Vergrößerung des Aktionsradius des Unternehmens angeregt.

Die Anwendung und Auswertung der folgenden Kennzahlen gibt Ihnen Aufschluss über die messbaren Erfolge der F&E:

- Umsatzanteil der neuen oder verbesserten Produkte (in Prozent)
- Gewinnanteil der neuen oder verbesserten Produkte (in Prozent)
- Einnahmen aus dem Verkauf von Patenten, erhaltene Lizenzgebühren

Entwicklung von Kernkompetenzen

Während Standardfähigkeiten im Wirtschaftsleben häufig vorkommen, sind Schlüsselfähigkeiten oder gar Kernkompetenzen seltener. Kernkompetenzen können durch die Kombination von z. B. ausgereifter Technik und einem dem Produkt entsprechenden Design

Schlüsselfähigkeiten

entstehen. Das bedeutet auch mehr Kundennutzen. In einem über-
schaubaren Zeitraum können Kernkompetenzen von der Konkurrenz
nicht kopiert werden.

Der Unternehmenserfolg wird entscheidend durch Schlüsselfähigkeiten oder Kernkompetenzen bestimmt. Das Unternehmen kann
seine Ressourcen Wissen, Erfahrung und Technologie besser als die
Konkurrenz kombinieren und auf den Markt ausrichten.

> **Tipp: Arbeiten Sie permanent an Ihren Kernkompetenzen**
>
> Wenn ein Unternehmen erfolgreich bleiben will, dann darf es sich nicht
> auf dem einmal errungenen Vorsprung ausruhen, sondern muss seine
> Kernkompetenzen permanent weiterentwickeln.

7 Kennzahlensysteme zur Unternehmensführung

Neben der Auswahl der richtigen Kennzahlen kann es von Vorteil sein, über ein ausgewogenes Kennzahlensystem zu verfügen, das eine Verbindung zwischen den Zielen, Strategien und Aktionen im Unternehmen schafft. Mit Kennzahlen können Sie messen und prüfen, ob die Zielvorgaben erreicht wurden. Diese Verbindung von Ursache und Wirkung muss durch das Kennzahlensystem zu steuern und zu überprüfen sein. Jede einzelne Kennzahl sollte die Wechselbeziehung, die zwischen Ziel und Ergebnis herrscht, aufzeigen können.

Das bietet Ihnen dieses Kapitel

In diesem Kapitel erfahren Sie,

- was ein Kennzahlensystem leistet,
- wie Sie Kennzahlen mit Ihren strategischen Unternehmenszielen verknüpfen können,
- wie das Kennzahlensystem „Tableau de bord" in Frankreich aufgebaut ist und
- welche Ziele mit der Balanced Scorecard angestrebt werden.

7.1 Was leisten Kennzahlensysteme?

Kennzahlensysteme umfassen zwei oder mehrere Kennzahlen, die in einer sinnvollen Beziehung zueinander stehen:

Beziehung zwischen den Kennzahlen

- Kennzahlensysteme zeigen, aus welchen „Unterkennzahlen" sich eine bestimmte Kennzahl zusammensetzt.
- Ferner sind sie breiter angelegt als eine einzelne Kennzahl, erfassen somit die Komplexität eines Unternehmens umfassender.

Die Verbindung zwischen Kennzahlen und Kennzahlensystem kann auf zweierlei Art erfolgen:

- nach mathematischer Art, dann spricht man von einem Rechensystem
- nach sachlogischer Art, dann handelt es sich um ein Ordnungssystem.

Rechensystem Bei einem Rechensystem wird eine Spitzenkennzahl mathematisch in weitere Kennzahlen zerlegt. Dabei wird deutlich, welche Beziehungen zwischen den einzelnen Kennzahlen bestehen. Im bekannten DuPont-Kennzahlensystem, benannt nach dem US-Chemie-konzern, ist die globale Spitzenkennzahl der Return on Investment (ROI), der sich in die Teilaspekte Umsatzrentabilität und Umschlagshäufigkeit des Kapitals aufgliedert (siehe Seite 56 ff.). Die Eigenkapitalrentabilität ist die Spitzenkennzahl im ZVEI-Kennzahlensystem.

Ordnungssystem Ein Kennzahlensystem wird als Ordnungssystem bezeichnet, wenn für eine bestimmte Fragestellung verschiedene Kennzahlen zusammengestellt sind, die sachlich voneinander unabhängig sind. Die Zusammenhänge zwischen den Kennzahlen lassen sich hier nicht quantifizieren. Modelle für solche Kennzahlensysteme sind:

- EVA (Economic Value-Added)
- Tableau de bord
- Balanced Scorecard

Welchen Nutzen haben Kennzahlensysteme?

- Die umfangreichen Daten im Unternehmen werden zu aussagefähigen Informationen über den Gesamterfolg verdichtet.
- Mit einem sinnvollen Kennzahlensystem lassen sich die Faktoren messen, die den Erfolg wesentlich mitbestimmen (kritische Erfolgsfaktoren).
- Ein Kennzahlensystem kann finanzielle Maßstäbe sinnvoll mit nichtfinanziellen verbinden. Vor allem Kennzahlensysteme nach dem Vorbild der „Balanced Scorecard" garantieren, dass dabei harte und weiche Faktoren gleichermaßen berücksichtigt werden.
- Da ein Kennzahlensystem strategisch ausgerichtet ist, lassen sich Messgrößen der Vergangenheit und Gegenwart mit den zukünftigen Entwicklungsperspektiven verknüpfen.
- Ein Kennzahlensystem hilft, Ziele und Strategien in Aktionen umzusetzen.

Die Zusammensetzung eines Kennzahlensystems

Ein Kennzahlensystem sollte allgemeine Ergebniskennzahlen wie auch spezifische Kennzahlen der Wirtschaftssparte umfassen. Ergebniskennzahlen wie die Rentabilität sind meistens Spätindikatoren, da sie erst am Ende der Geschäftsperiode bekannt sind. Dagegen sind branchenspezifische Kennzahlen in der Regel nützliche Frühindikatoren. Es handelt sich um Messgrößen, die typisch für eine bestimmte Geschäftssparte sind, z. B. Durchlaufzeiten, Fehlerquoten, Mitarbeiterfähigkeiten, Zugang und Verfügbarkeit von neuen Technologien. Verschlechtern sie sich, verschlechtern sich auch die Zukunftsaussichten des Unternehmens.

Allgemeine und spezifische Kennzahlen

Kennzahlen mit der Unternehmensstrategie verknüpfen

Die Unternehmensleitung sollte die Kennzahlen mit ihren strategischen Zielen verbinden. Dabei werden strategische Ziele über finanzielle und nicht-finanzielle Kennzahlen angestrebt.

Strategie und Steuerung

Wenn Sie ein Unternehmen erfolgreich führen wollen, dann brauchen Sie eine Unternehmensstrategie und ein Steuerungssystem für die operativen Entscheidungen. Kennzahlen stellen die Verbindung zwischen der Strategie und den Aktionen her, die eingesetzt werden, um die Zielvorgaben zu erreichen. Sie sind damit wichtige Instrumente, die Sie benötigen, um ein Unternehmen zu steuern.

Ziele, Strategien und Visionen

Unternehmerisches Handeln ist wie menschliches Handeln allgemein auf Ziele ausgerichtet. Die langfristige Maximierung des Gewinns gilt – mit gewissen Nuancierungen – als Hauptziel der meisten Unternehmen.

Der Erfolg eines Geschäftsjahres äußert sich aber auch im Verhältnis vom Gewinn zum investierten Kapital: in der Rentabilität. Sie spiegelt sich in den strategischen Kennzahlen Gesamtkapital- und Eigenkapitalrentabilität sowie dem Return on Investment (ROI). Weitere strategische Zielgrößen sind Cashflow- oder Umsatzwachstumszahlen.

Strategische und operative Ziele

Makroziele

Strategische Ziele oder Makroziele beziehen sich auf das Gesamtunternehmen, gelten mittel- oder langfristig und sollten in wenigen Schlüssel- oder Spitzenkennzahlen zum Ausdruck kommen. Strategische Ziele unterscheiden sich damit von den operativen, die im Rahmen einzelner Aktivitäten oder Projekte in den verschiedenen Funktionen und Bereichen des Unternehmens vorgegeben sind. Erst durch operative Vorgaben können strategische Ziele umgesetzt werden. Im operativen Geschäft verwendet man entsprechend untergeordnete, diagnostische Kennzahlen. Achten Sie darauf, dass die abhängigen Vorgaben den übergeordneten Schlüsselkennzahlen nicht widersprechen dürfen.

Vision eines Unternehmens

Viele Unternehmen haben erkannt, dass sich hohe finanzielle Ziele besser erreichen lassen und die Belegschaft motivierter wird, wenn das Unternehmen über eine Vision verfügt. Mit einer Vision setzt sich das Unternehmen ein klares Ziel für die Zukunft und bestimmt seinen Standort. Durch eine Vision kann ein Unternehmen auch auf eine bestimmte Kernkompetenz ausgerichtet werden.

> **Vision eines Unternehmens**
>
> Eine Vision bezeichnet ein langfristiges, konkretes Ziel, das in den nächsten fünf bis zehn Jahren erreicht werden und zu einer deutlichen Stärkung der Wettbewerbsposition des Unternehmens führen soll. Somit werden Visionen auch getragen von dem Gedanken, Werte für die Kunden (Kundenzufriedenheit) und für die Eigentümer zu schaffen. Das Ziel einer Vision kann zwar hoch gesteckt sein, sollte aber den Bezug zur Wirklichkeit nicht verlieren.

Kundenperspektive

Jede Vision muss die Kundenperspektive berücksichtigen. So kann z. B. die Entwicklung einer bestimmten Technologie eine Vision darstellen, was aber nur sinnvoll erscheint, wenn diese Technologie auch einen bestimmten Kundennutzen beinhaltet.

Umsetzung der Vision

Damit die Vision auch erfolgreich umgesetzt werden kann, muss sie unzweideutig kommuniziert werden. Die Vision muss außerdem in der Organisation und bei der Belegschaft ankommen, da sich durch sie auch der Stellenwert einzelner Geschäftsfelder im Unternehmen verschieben kann.

> **Tipp: Identifizieren Sie die Erfolgsfaktoren**
>
> Eine Vision ist leichter zu finden und umzusetzen, wenn Sie danach fragen, welche Kernkompetenzen entwickelt werden müssen, damit das Unternehmen seine Ziele erreichen kann. Das bedeutet, Sie müssen die kritischen Erfolgsfaktoren für Ihre Unternehmung identifizieren.

Strategische und diagnostische Kennzahlen

Kennzahlen sind Instrumente zur Zielerreichung. Dabei ist zwischen strategischen und diagnostischen Kennzahlen zu unterscheiden.

*   Mit diagnostischen Kennzahlen, auch operative Kennzahlen genannt, können Sie Geschäftsprozesse überwachen, und feststellen, ob eine Veränderung auftritt und wo die Ursache dafür liegt. Die meisten Kennzahlen sind solche Diagnoseinstrumente. Sie zeigen Ihnen an, ob alles nach Plan läuft.

*   Strategische Kennzahlen haben dagegen einen anderen Stellenwert, da sie Aussagen machen im Hinblick auf die verfolgte Strategie. Sie bilden die Makroziele des Unternehmens ab und finden sich in den Schlüssel- oder Spitzenkennzahlen wieder. Mit ihnen können Sie Ihre globalen Unternehmensziele planen, steuern und kontrollieren.

Strategische Kennzahlen steuern die Effektivität: „Tun wir die richtigen Dinge?" Operative Kennzahlen steuern die Effizienz: „Tun wir die Dinge richtig?" Die Zahl der strategischen Kennzahlen ist klein zu halten, da sie intensiv zu überwachen sind. Strategische Kennzahlen sind besonders sorgfältig auszuwählen, da sie ja die Strategie des Geschäftsfeldes darstellen sollen.

Wo sind Strategien und Kennzahlen anwendbar?

*   Gesamtes Unternehmen, Konzern
*   Tochterunternehmen
*   Unabhängige Geschäftsbereiche (Profit Center)
*   Zentralabteilungen in einer Unternehmensgruppe

Checkliste: Unternehmensstrategie und Kennzahlen – worauf sollten Sie achten?	
Formulieren Sie Strategien so, dass zwischen ihnen und den Abteilungs- bzw. Projektzielen ein direkter Bezug besteht.	
Richten Sie die Budgets der einzelnen Abteilungen auf die Strategie aus – ohne die Bereitstellung entsprechender Mittel können die erforderlichen Maßnahmen nicht umgesetzt werden.	
Verbinden Sie alle finanziellen und nicht-finanziellen Kennzahlen mit der Strategie des Unternehmens. Nur so sehen die Mitarbeiter, inwieweit sie zur Erreichung der strategischen Zielsetzungen beigetragen haben (Hierarchisierung ohne Zielkonflikte).	
Prüfen Sie, ob die kritischen Erfolgsfaktoren, die Sie für die Umsetzung dieser Ziele im Unternehmen identifiziert haben, im Kennzahlensystem erscheinen.	
Überprüfen Sie regelmäßig, ob die gewählten Kennzahlen wirklich Auskunft über den Grad der Zielerreichung geben können.	
Passen Sie das Kennzahlensystem von Zeit zu Zeit an die aktuellen Entwicklungen an: Kennzahlen zu erreichten Zielen scheiden aus, Kennzahlen für neue Probleme müssen aufgenommen werden.	

7.2 Das Kennzahlensystem Tableau de bord in Frankreich

Seit 50 Jahren benutzen französische Unternehmen das Kennzahlensystem Tableau de bord. „Tableau de bord" kann mit Armaturen- oder Instrumentenbrett übersetzt werden. Wie beim Flugzeug oder Auto das Armaturenbrett die Messung der Geschwindigkeit oder des Benzinverbrauchs ermöglicht, stehen hier unterschiedliche Messtafeln zur Lösung von Aufgaben aus verschiedenen Unternehmensebenen zur Verfügung.

Zu vier Sachverhalten trifft das Tableau de bord Aussagen:

* Aktivitäten
* Kosten
* Vorräte
* Finanzen

Das Tableau de bord ist breit angelegt und umfasst alle Organisati- *Beurteilung aller*
onseinheiten. Es vermittelt jedem Manager einen periodischen *Organisations-*
Überblick über das Ergebnis seines Verantwortungsbereichs, das er *einheiten*
an die nächste Unternehmensebene weiterleiten muss. Dadurch
sollen die einzelnen Aktivitäten jeder Organisationseinheit beurteilt
werden können und deutlich werden, welchen Beitrag sie zur Gesamtstrategie des Unternehmens leisten. Jeder verantwortliche Manager sollte über ein entsprechendes Tableau de bord verfügen, um
die Zielerreichung in seinem Bereich beurteilen zu können.

Die vier Stufen zum Tableau de bord

Bei der Anwendung des Tableau de bord wird meist folgende Vor- *Anwendung*
gehensweise eingeschlagen:
1. Organisationsplan erstellen und Kerngeschäfte bestimmen.
2. Die charakteristischen Indikatoren auswählen.
3. Suche nach den Informationsquellen.
4. Vorschriften für die Anwendung der Regeln festlegen.

Das Tableau de bord hat entsprechend der Aufgaben in der Organi-
sationseinheit und ihrer Abstufung in der Unternehmensebene eine
Vielzahl unterschiedlicher Tableaus, z. B.
- Tableau des immobilisations (Anlagevermögen)
- Tableau des amortissements (Abschreibungen)
- Tableau des provisions (Rückstellungen)
- Evolution des produits (Entwicklung der Produkte)
- Tableau de bord de la qualité (Produktqualität, Qualität des
  Herstellungsverfahrens)
- Tableau de bord de gestion (Messtafel der Geschäftsführung):
  das Instrument für kurzfristige Vorgänge ist direkt verbunden
  mit den wichtigsten Entscheidungsfeldern des Unternehmens.
- Tableau de financement (Messtafel der Finanzierung): zeigt, wie
  die Geschäfte der abgelaufenen Periode finanziert wurden. Aus
  ihm lässt sich ablesen, wie sich die finanzielle Lage des Unternehmens und die in Frankreich gängige Finanzkennzahl „Fonds
  de roulement" verändert haben.

Ergebnisindikatoren und Prozessindikatoren

Den Kennzahlen entsprechen die Indikatoren („indicateurs"), die in direkter Verbindung mit den Unternehmenszielen stehen. Es werden Ergebnisindikatoren (indicateurs de résultat) und Prozessindikatoren („indicateurs de processus") unterschieden. In einem Industrieunternehmen ist z. B. die täglich hergestellte Stückzahl ein Ergebnisindikator; Prozessindikatoren sind dagegen Kennzahlen wie die Zahl der Unfälle, der Ausschuss, das Niveau der Produktqualität, die Zuverlässigkeit der Auslieferungen.

Qualitäts-
indikatoren
Indikatoren müssen die Entwicklung eines Prozesses messen und die notwendigen Informationen für eine mögliche Verbesserung liefern können. So haben Qualitätsindikatoren („indicateurs qualité") etwa Verbesserungen der Produktqualität anzuzeigen. Besonders wichtig ist, dass der Qualitätsindikator die vom Kunden wahrgenommene Qualität erfasst. Auch hier wird darauf geachtet, eine effektive Beobachtung und Auswertung zu gewährleisten: Für den Tableau de bord de la qualité etwa sollte die Zahl der Indikatoren zwischen 5 und 15 liegen. Die folgende Grafik zeigt, wie ein Indikator anschaulich dargestellt werden kann.

Grafische Darstellung eines Indikators (Beispiel)

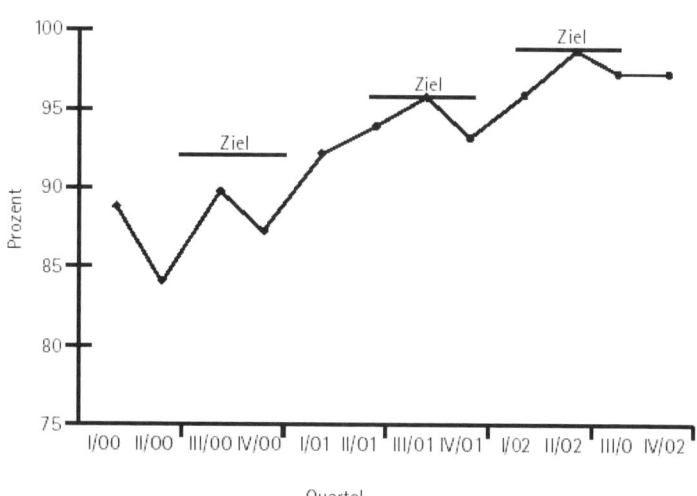

Ein guter Indikator zeigt das zu erreichende Ziel, das gegenwärtig erreichte Niveau und die bisherige Entwicklung. Der Indikator ist auch ein Werkzeug der Kommunikation; daher sollte er auch möglichst visuell dargestellt werden können (z. B. in Stab-, Linien- und Flächendiagrammen, vgl. Grafik).

7.3 Strategiebildung mit der Balanced Scorecard

Eine Ausgewogenheit zwischen harten und weichen Faktoren, zwischen den leicht quantifizierbaren Ergebniskennzahlen einerseits und den nicht so leicht messbaren und subjektiven „Leistungstreibern" andererseits strebt das Konzept der Balanced Scorecard an. Die von Kaplan und Norton an der Havard Business School in Boston/ USA entwickelte Balanced Scorecard will das Übergewicht des finanziellen Aspekts in einem Steuerungssystem ausgleichen.

Grundgedanke der BSC

Das Konzept geht davon aus, dass finanzielle Kennzahlen zu kurzatmig sind – wohl lässt sich mit ihnen der Ist-Zustand abbilden, aber strategische Potenziale werden durch sie nicht erfasst. Finanzielle Ergebniszahlen stehen in der Regel nicht nur zu spät zur Verfügung, sondern vernachlässigen darüber hinaus auch viele für den Erfolg maßgebende Größen. Sie zeigen nicht, welche Aktionen notwendig sind, um auch in Zukunft eine hohe Wertschöpfung zu erreichen. Daher werden in der Balanced Scorecard finanzielle mit nichtfinanziellen Leistungsmessungen verknüpft.

Ein Messsystem ist demnach erst dann ausgewogen (engl. „balanced"), wenn es auch die Größen erfasst, die hinter dem finanziellen Erfolg stehen. Ausgehend vom finanziellen Ergebnis soll das Unternehmen gleichzeitig auf die Kundenbeziehungen achten, innovative Produkte und Dienstleistungen für die Zielkunden schaffen, also auch sein Innovationspotenzial ausbauen und Motivation und Fähigkeiten der Mitarbeiter berücksichtigen. Keiner dieser Bereich sollte dabei zugunsten eines anderen geopfert werden. Diese vier Perspektiven bilden sozusagen das Grundgerüst, an dem jedes Unternehmen sein individuelles Kennzahlensystem aufbauen kann.

> **Grundgedanke der Balanced Scorecard**
>
> Die Balanced Scorecard strebt eine Ausgewogenheit zwischen finanziellen Erfolgsgrößen und nicht-finanziellen Leistungstreibern an. Diese Leistungstreiber sind jene messbaren Indikatoren, die auf die Ursachen des Erfolgs verweisen. Sie beziehen sich auf Kunden-, Prozess- und Lernperspektive. Ziel des Konzepts ist es, die Lücke zu füllen, die nur allzuoft zwischen strategischen Zielen und konkreten Handlungsanweisungen besteht.

Die vier Perspektiven der Balanced Scorecard

Leistungs-
messungen

Ausgehend von der Frage, was dem Erfolg eines Unternehmens vorangeht, unterscheidet die Balanced Scorecard neben der finanziellen Perspektive drei weitere Bereiche, in denen die Leistungen des Unternehmens gemessen werden können. So stehen auf dem Kennzahlenprogramm:

1. Finanzwirtschaftliche Perspektive: Messungen des finanziellen Erfolgs
2. Kundenperspektive: Messungen der Kundenzufriedenheit und des Kundennutzens
3. Interne Prozessperspektive (betriebliche Performance): Messungen der Produktivität, Durchlaufzeiten, Mitarbeitersicherheit etc.
4. Lern- und Entwicklungsperspektive: Steigerung der Mitarbeiterkompetenzen, Patente oder Qualitätspreise für innovative Produkte

Wo liegen die Leistungstreiber des Unternehmens?

Kunden-
perspektive

In der Balanced Scorecard sind all jene Leistungstreiber von Bedeutung, die zum Unternehmenserfolg beitragen, also mit finanziellen Kennzahlen in einer Ursache-Wirkung-Beziehung stehen. Ohne Zweifel hängt der Erfolg oder Misserfolg eines Unternehmens ganz wesentlich davon ab, ob es ihm gelingt, sich auf spezielle Bedürfnisse der Käufer einzustellen und seine Kunden in hohem Maße zufriedenzustellen. Denn nur dann kann es die Kunden auch langfristig an sich binden. Wenn also die Kundenzufriedenheit (Customer Perspective) Auswirkungen auf die Rentabilität hat, dann ist auch zu fragen, wovon diese wiederum abhängt. So etwa von der Qualität: Galt für sie früher in der Regel die Zahl der Reklamationen als einziger Maßstab, zählen heute eine Vielzahl von Anforderungen, insbesondere die Qualität der Prozesse und Serviceleistungen, Produktspezifikationen oder Qualitätsstandards wie die ISO 9001. Auf die Kundenzufriedenheit haben aber auch das Preis-Leistungsverhältnis sowie die Liefergeschwindigkeit und -zuverlässigkeit Einfluss.

Die größte Bedeutung für die Kundenzufriedenheit hat die interne Perspektive (Internal-Business-Process Perspective). Es geht dabei um die Überwachung und Verbesserung bestehender als auch neuer Verfahren. Zu prüfen ist auch, welche Wünsche die derzeitigen und die zukünftigen Kunden hinsichtlich der Produkte und der Dienstleistungen haben. Die Kernprozesse des Unternehmens sind besonders gründlich zu prüfen.

Interne Prozessperspektive

Übersicht: Kennzahlen in der Balanced Scorecard (Auswahl)

Finanzielle Perspektive	Prozessperspektive
• Umsatzanteil/Deckungsbeitrag neuer Produkte • Anteil neuer Kunden • Anteil neuer Märkte • Umsatz pro Beschäftigter • Kosten pro Einheit	• Entwicklungszeiten • Break-Even-Time (BET) • Verhältnis von Bearbeitungszeit zur gesamten Durchlaufzeit • Abfall, Nacharbeiten, Verschnitt • Gegenüberstellung von Kosten und Leistungen im Kundendienst
Entwicklungsperspektive	**Kundenperspektive**
• Mitarbeiterproduktivität • Mitarbeitervorschläge • Mitarbeiterzufriedenheit: Mitarbeiterbefragung, Fluktuation	• Marktanteil • Neukundenanteil • Wiederkaufsrate • Kundenzufriedenheit

Wie kann man Prozesse messen?

Ergebnisse zu messen ist einfach. Doch wie soll man feststellen, ob die Abläufe im Unternehmen effektiv und effizient sind? Dazu helfen eine Reihe prozessorientierter Kennzahlen und solche, die Rückschlüsse auf die Qualität der Prozesse zulassen:

Prozessorientierte Kennzahlen

- Kundenzufriedenheitsindex
- Fluktuationsrate von Kunden
- Mitarbeiterzufriedenheit
- Fluktuationsrate der Mitarbeiter
- Durchlaufzeiten
- Kapazitätsauslastung der vorhandenen Ressourcen
- Fehlerraten und Zeitpunkt der Fehlerentdeckung
- Effizienz der Fehlerbeseitigung

Lern- und
Entwicklungs-
perspektive

Die Lern- und Entwicklungsperspektive befasst sich mit dem langfristigen Wachstum der Organisation. Sie schafft die Voraussetzungen, um die Ziele der Kunden- und der internen Prozessperspektive zu erreichen. Hier wird gefragt: Welche Mitarbeiter und welche Technologien sind für die langfristigen Ziele notwendig? Damit haben Mitarbeiterpotenziale und -motivation, Informationstechnologien, aber auch umfassende Informationen über Kunden, interne Prozesse und Finanzen die größte Bedeutung. Die Lern- und Entwicklungsperspektive beinhaltet auch das Lernen des Managements. Die Verbindung von Vision und Strategie mit den Zielangaben für die Aktionen bewirkt einen Lernprozess bei den Beteiligten. Über Zielsetzungen mit Kennzahlen kann eine Organisationseinheit mobilisiert werden.

Wie wird die Balanced Scorecard umgesetzt?

Konzentration
auf Erfolgs-
faktoren

Erst die Verknüpfung von kurzfristigen und langfristigen Zielen mit Kennzahlen macht die Balanced Scorecard zu einem umfassenden Führungssystem. Denn zur Aufgabe der Balanced Scorecard gehört vor allem, die strategische Führung eines Unternehmens zu unterstützen und zu optimieren – und zwar nicht durch endlose Zahlenkolonnen, sondern durch die Konzentration auf die wichtigsten Zielgrößen: die strategischen oder kritischen Erfolgsfaktoren.

Zunächst werden die Antriebskräfte für die Strategie mit strategischen Kennzahlen bewertet. Von der formulierten Vision und Strategie ausgehend, müssen dann immer eindeutig messbare Ziele gesetzt werden. Bei den finanziellen Zielen hat sich das Management zwischen Rentabilität, Cashflow, Umsatzerlösen oder Marktanteil zu entscheiden.

Nach der Festlegung der finanziellen Ziele werden die Ziele und Kennzahlen für die internen Geschäftsprozesse bestimmt. Dabei müssen diejenigen Prozesse näher geprüft werden, die für Kunden und Eigentümer wichtig sind. Dies kann z. B. eine kürzere Durchlaufzeit sein, aber auch eine Verbesserung der Kundenberatung oder ein effektiveres Mahnverfahren. All diese Ziele müssen in Kennzahlenwerte umgesetzt, also in konkreten Zahlen ausgedrückt werden. Sie werden dann in der Planung festgehalten bzw. in weitere Kennzahlen aufgeschlüsselt und schließlich in Maßnahmen umgesetzt.

Bestimmung der internen Ziele

Die Einführung der Balanced Scorecard verläuft in vier Phasen:

Phase 1: Vision und Strategie klären und vermitteln

- Die Strategie ist der Bezugspunkt im Managementsystem.
- Die Vision muss von allen Mitarbeitern getragen werden, sie ist dann die Basis im strategischen Lernprozess.

Phase 2: Kommunikation und Verbindung der Strategie

- Unternehmensziele der Geschäftsführung den Mitarbeitern vermitteln.
- Fortbildung und Personalentwicklung auf die Strategie ausrichten.
- Finanzielle Anreize für Mitarbeiter schaffen und sie an die Strategie koppeln.

Phase 3: Planung und Zielvorgaben

- Anspruchsvolle Ziele aufstellen, die Akzeptanz finden müssen.
- Aktionen zur Erreichung der Ziele bestimmen.
- Jahresbudgets mit den strategischen Zielen abstimmen.
- Die Höhe der Investitionen bestimmen.

Phase 4: Strategisches Feedback und Lernprozess

- Feedback ist notwendig, um Wirkungen der Strategie zu prüfen.
- Problemlösung im Team durch Kooperation.
- Rückkoppelung mit Phase 1 und Erfahrungen einbringen.

Voraussetzungen für das Arbeiten mit der Balanced Scorecard

Die folgenden Voraussetzungen für das Arbeiten mit der Balanced Scorecard gelten für jedes sinnvolle Kennzahlensystem:

205

- Management und die Mitarbeiter müssen mit den entscheidenden Steuerungsgrößen vertraut gemacht werden.
- Über die Ziele und Konzepte müssen klare Vorstellungen und Konsens herrschen, nur dann lassen sich entsprechende Kennzahlen zuordnen.
- Die Ziele müssen verständlich, ihr Zweck erkennbar sein, nur so werden die Mitarbeiter auch motiviert sein, die Ziele zu erreichen.
- Um die finanziellen Ergebnisse messen zu können, ist eine monatliche oder vierteljährliche Berichterstattung erforderlich. Dabei wird auch geprüft, inwieweit die angestrebten Ziele im Hinblick auf Kunden, Prozesse, Mitarbeiter und Innovationen erreicht wurden.
- Hohe Zielvorgaben lassen sich nur erreichen, wenn die entsprechenden Ressourcen bereitgestellt werden. Die jährlich verfügbaren finanziellen und materiellen Mittel des jeweiligen Geschäftsbereiches müssen auf die Strategie hin ausgerichtet werden. Das gilt auch für die Personalplanung.

Tipp: Planen Sie ausreichend Zeit ein

Die Einführung und Umsetzung der Balanced Scorecard sind aufwändige Prozesse. Wer sich für dieses Steuerungssystem entscheidet, sollte ausreichend finanzielle Mittel und vor allem viel Zeit für die Projektierung, die Erhebung der Daten und die inhaltlichen Diskussionen einplanen.

Das Management hat die Aufgabe, die richtigen Prioritäten zu setzen. Einzelne Aktionsprogramme sind immer mit der Gesamtstrategie abzustimmen. Wenn das Konzept der Balanced Scorecard konsequent umgesetzt wird, lässt sich feststellen, inwieweit einzelne Geschäftseinheiten Werte für das Unternehmen schaffen können und ob sie für die gegenwärtigen und künftigen Kunden marktgerechte Leistungen erbringen.

Was soll mit der Balanced Scorecard erreicht werden?

Das Konzept der Balanced Scorecard schafft eine Brücke zwischen dem Shareholder Value-Ansatz und der Kosten- und Leistungsrechnung. Die aus den Erwartungen der Kapitalgeber abgeleiteten Ziele bleiben die entscheidenden Bezugspunkte, aber sie werden über die

Kunden-, Prozess- und Lernperspektive mit dem Tagesgeschäft in den Abteilungen verbunden. Wenn Balanced Scorecard in einer Organisation praktiziert wird, dann wird auch die Verbindung zwischen Strategie und Tagesgeschäft verstärkt.

Mit der Entwicklung einer Balanced Scorecard kann ein Unternehmen seine strategischen Ziele quantifizieren und sich auf die für Erfolg und Wachstum wesentlichen Perspektiven konzentrieren. Damit geht auf der Geschäftsführungsebene ein strategischer Lernprozess einher.

Strategischer Lernprozess

Die Steuerung von Innovationen mit der Balanced Scorecard

Die Balanced Scorecard hat sich als ein wirkungsvolles Managementsystem erwiesen, wenn Unternehmen bzw. andere Organisationseinheiten neu strukturiert werden sollen. Das Management erhält Zielvorgaben, die in den kommenden drei bis fünf Jahren erreicht werden sollen. Die Zielvorgaben erscheinen nicht in einzelnen voneinander isolierten Kennzahlen, sondern in einem System von verbundenen Kennzahlen. Damit soll gezeigt werden, dass es nicht genügt, wenn z. B. der Verkauf seine Spitzenzahl erbringt, nicht aber der Kundendienst.

Letztlich sind die in der Balanced Scorecard geforderten Kompetenzen – Kundenorientierung, Innovationspotenzial, hohe Kompetenz und Motivation der Mitarbeiter, die „lernende Organisation" – heute wichtige Erfolgsfaktoren und damit notwendige Voraussetzungen für künftiges Wachstum. Mit der Balanced Scorecard sind Kennzahlen nicht mehr nur ein Instrument, um objektive Ergebnisse zu messen, sondern sie können auch helfen, menschliches Verhalten im Unternehmen besser zu koordinieren und zu steuern.

Fazit

Literaturverzeichnis

Alphen, K.: *Financieel management*, 6. Aufl., Den Haag 2005.

Brown, M. G.: *Kennzahlen. Harte und weiche Faktoren erkennen, messen und bewerten*, München, Wien 1997.

Bühner, R.: *Mitarbeiter mit Kennzahlen führen*, 3. Aufl., Landsberg/Lech 1997.

Coenenberg, A.: *Kostenrechnung und Kostenanalyse*, 5. Aufl., Stuttgart 2003.

Fernandez, A.: *L´essentiel du tableau de bord*, Paris 2005.

Fickert, R./Geuppert, F./Künzle, A.: *Finanzcontrolling*, Bern, Stuttgart, Wien 2003.

Häusel, H.-G.: *Brain Script – Warum Kunden kaufen*, Planegg b. München 2004.

Kaplan, R.S./Norton, D.P.: *The Balanced Scorecard: Translating Strategy into Action*, Harvard Business School, Boston 1996.

Kück, U.: *Schnelleinstieg Controlling*, 2. Aufl., Planegg b. München 2005.

Lanz, A. H.: *Kennzahlen zur Analyse, zur Überwachung und zur Führung*, Bern 2004.

Malik. F.: *Führen Leisten Leben. Wirksames Management für eine neue Zeit*, 10. Aufl., St. Gallen 2001.

Massot, P.: *Fondamentaux du pilotage de la performance*, Saint-Denis La Plaine 2005.

Pepels. W.: *Betriebswirtschaftliche Kennzahlen. Instrumente zur unternehmerischen Leistungsmessung*, Renningen 2005.

Weber, M.: *Kaufmännische Buchführung von A-Z*, 7. Aufl., Planegg b. München 2004.

Weber, M.: *Kaufmännisches Rechnen von A-Z*, 8. Aufl., Planegg b. München 2005.

Wolf, J.: *Basel II Kreditrating als Chance*, Regensburg, Berlin 2005.

Wöltje, J.: *Betriebswirtschaftliche Formelsammlung*, Planegg b. München 2005.

Stichwortverzeichnis

Wenn Seitenzahlen **fett** hervorgehoben sind, finden Sie dort die Berechnung der entsprechenden Kennzahl.

211

Stichwortverzeichnis

Anhang

Die wichtigsten Kennzahlen im Überblick

Volkswirtschaftliche Kennzahlen

Das Bruttosozialprodukt umfasst alle Güter und Dienstleistungen eines Jahres in einer Volkswirtschaft. Beim jährlichen Wirtschaftswachstum wird der Anstieg des Bruttosozialprodukts mit dem Vorjahr verglichen, d. h. die Veränderung gegenüber dem entsprechenden Vorjahreszeitraum wird in Prozent angegeben:

$$\text{Wirtschaftswachstum} = \frac{\text{Anstieg des Bruttosozialprodukts} \times 100}{\text{Bruttosozialprodukt im Vorjahr}}$$

Unter der Inflationsrate (Preissteigerungsrate) versteht man den Anstieg der Lebenshaltungskosten bzw. die Preissteigerung gegenüber dem Vorjahr in %:

$$\text{Inflationsrate} = \frac{\text{Anstieg Verbraucherpreise im Jahr} \times 100}{\text{Verbraucherpreise im Vorjahr}}$$

Die Arbeitslosenquote ist die wichtigste Kennziffer des Arbeitsmarktes. Sie zeigt das Verhältnis der Zahl der Arbeitslosen (der arbeitslos Gemeldeten) zur Zahl aller Arbeitnehmer bzw. aller Erwerbspersonen:

$$\text{Arbeitslosenquote} = \frac{\text{Arbeitslose} \times 100}{\text{alle Arbeitnehmer}}$$

Von Bedeutung für die Lage der Volkswirtschaft sind ferner die Lohnquote der Arbeitnehmer und die Sparquote. Unter der Lohnquote versteht man den Anteil der gesamten Arbeitnehmereinkommen am Volkseinkommen:

$$\text{Lohnquote} = \frac{\text{Löhne und Gehälter} \times 100}{\text{Volkseinkommen}}$$

Die Sparquote ist der Anteil der Ersparnisse am verfügbaren Einkommen. Eine hohe Sparquote der privaten Haushalte führt zu einer nachhaltigen Geldvermögensbildung:

$$\text{Sparquote} = \frac{\text{private Ersparnis} \times 100}{\text{verfügbares Einkommen}}$$

Kennzahlen zum Unternehmensvermögen

Mit den Kennzahlen Eigenkapitalquote, Anlagenintensität und Verschuldungsgrad werden Vermögensstruktur und Kapitalaufbau des Unternehmens erkennbar. Die Eigenkapitalquote besagt, wie hoch der Prozentsatz der eigenen Mittel an der Finanzierung ist:

$$\text{Eigenkapitalquote} = \frac{\text{Eigenkapital} \times 100}{\text{Gesamtkapital (= Bilanzsumme)}}$$

Die Anlagenintensität ist das Verhältnis von Anlagevermögen zum gesamten Vermögen, also Anlagevermögen in Prozent der Bilanzsumme:

$$\text{Anlagenintensität} = \frac{\text{Anlagevermögen} \times 100}{\text{Gesamtvermögen (= Bilanzsumme)}}$$

Der Verschuldungsgrad oder Verschuldungskoeffizient ist eine Gegenüberstellung von Fremdkapital zu Eigenkapital. Ein Verschuldungskoeffizient von kleiner als 1 besagt, dass das Fremdkapital niedriger als das Eigenkapital ist:

$$\text{Verschuldungsgrad} = \frac{\text{Fremdkapital}}{\text{Eigenkapital}}$$

Die Vermögenskonstitution (Vermögensaufbau) ist das Verhältnis zwischen Anlagevermögen und Umlaufvermögen:

$$\text{Vermögenskonstitution} = \frac{\text{Anlagevermögen} \times 100}{\text{Umlaufvermögen}}$$

Die Kennzahl Umlaufintensität ergibt sich, wenn das Umlaufvermögen (flüssige Mittel, Forderungen, Vorräte) in Beziehung zum Gesamtvermögen gesetzt wird:

$$\text{Umlaufintensität} = \frac{\text{Umlaufvermögen} \times 100}{\text{Gesamtvermögen}}$$

Anhand der Zusammensetzung von Vorrats- und Gesamtvermögen, der Kennziffer Vorratsintensität, können Sie feststellen, ob die Branche des Unternehmens eher vorrats- oder forderungsintensiv ist:

$$\text{Vorratsintensität} = \frac{\text{Vorräte} \times 100}{\text{Gesamtvermögen}}$$

Kennzahlen zur Beurteilung des Finanzierungsrisikos

Die Fristigkeit des Fremdkapitals hat für die Finanzierung große Bedeutung, weil das Anlagevermögen nur mit langfristigen Mitteln finanziert werden sollte. Folgende Kennzahl beurteilt das Finanzierungsrisiko:

$$\text{Kurzfristiges Fremdkapital in \%} = \frac{\text{Kurzfristiges Fremdkapital} \times 100}{\text{Gesamtkapital}}$$

Ein hoher Anteil an langfristigem Fremdkapital bedeutet mehr Sicherheit. Denn je mehr sich ein Unternehmen durch langfristiges Kapital finanziert, desto sicherer kann es seine Zahlungsverpflichtungen erfüllen:

$$\text{Langfristiges Fremdkapital in \%} = \frac{\text{Langfristiges Fremdkapital} \times 100}{\text{Gesamtes Fremdkapitall}}$$

Kennzahlen zur Anlagendeckung

Wichtige Maßstäbe, wie solide ein Unternehmen finanziert ist, sind die Kennzahlen zur Anlagendeckung, auch Deckungsgrade genannt. Dazu werden Posten aus der Aktivseite der Bilanz in Beziehung zu Posten der Passivseite gesetzt. Die Anlagendeckung I (Deckungsgrad A) ist das Verhältnis von Eigenkapital zu Anlagevermögen:

$$\text{Anlagendeckung I} = \frac{\text{Eigenkapital} \times 100}{\text{Anlagevermögen}}$$

Die Anlagendeckung II (oder Deckungsgrad B) ist eine Gegenüberstellung von Anlagevermögen und langfristigem Kapital:

$$\text{Anlagendeckung II} = \frac{(\text{Eigenkapital} + \text{langfristiges Fremdkapital}) \times 100}{\text{Anlagevermögen}}$$

Die Anlagendeckung III (oder Deckungsgrad C) bezieht dieses langfristig gebundene Umlaufvermögen in die Analyse ein:

$$\text{Anlagendeckung III} = \frac{(\text{Eigenkapital} + \text{langfristiges Fremdkapital}) \times 100}{\text{Anlagevermögen} + \text{langfrist. Umlaufvermögen}}$$

Kennzahlen zur Liquidität

Liquidität („liquide", lateinisch „flüssig") bezeichnet die Fähigkeit, zu einem bestimmten Zeitpunkt allen Zahlungsverpflichtungen und -notwendigkeiten fristgerecht und in voller Höhe nachkommen zu können. Mit Kennzahlen, den so genannten Liquiditätsgraden, können Sie die Liquiditätslage eines Unternehmens abschätzen.

Die Liquidität 1. Grades stellt die flüssigen Mittel in Beziehung zu den kurzfristigen Verbindlichkeiten. In der Bilanzanalyse wird die Liquidität 1. Grades aus den Bilanzpositionen „flüssige Mittel" und „kurzfristige Verbindlichkeiten" errechnet:

$$\text{Liquidität 1. Grades} = \frac{\text{flüssige Mittel} \times 100}{\text{kurzfristige Verbindlichkeiten}}$$

Die Liquidität 2. Grades setzt das kurzfristige Umlaufvermögen zu den kurzfristigen Verbindlichkeiten ins Verhältnis. Das kurzfristige Umlaufvermögen umfasst flüssige Mittel und kurzfristige Forderungen:

$$\text{Liquidität 2. Grades} = \frac{\text{kurzfristiges Umlaufvermögen} \times 100}{\text{kurzfristige Verbindlichkeiten}}$$

Die Liquidität 3. Grades stellt den kurzfristigen Verbindlichkeiten das gesamte Umlaufvermögen gegenüber:

$$\text{Liquidität 3. Grades} = \frac{\text{gesamtes Umlaufvermögen} \times 100}{\text{kurzfristige Verbindlichkeiten}}$$

Achtung:
Die Liquiditätskennzahlen, die aus der Bilanz abgeleitet sind, informieren Sie über die Liquiditätsverhältnisse am Bilanzstichtag. Sie sind damit auf einen bestimmten Zeitpunkt bezogen und geben keine Auskunft über die künftige Liquiditätsentwicklung des Unternehmens. Daher sollten Sie diese Kennzahlen mit Vorsicht interpretieren und nicht zur Grundlage zukünftiger Planungen machen!

Renditekennzahlen

Die Kapitalrentabilität wird meist für das gesamte Unternehmen ermittelt. Diese Kennzahl lässt sich aber auch für einzelne Geschäftsbereiche oder Profit-Center errechnen. Sie können auch eine Ermittlung nach Produktgruppen und einzelnen Produkten vornehmen.

Die Kapitalrentabilität wird als das Verhältnis des erzielten Gewinns (Verlustes) in der Rechnungsperiode zum eingesetzten Kapital bestimmt:

$$\text{Kapitalrentabilität} = \frac{\text{Gewinn} \times 100}{\text{Kapital}}$$

Die auch als Unternehmerrendite bezeichnete Kennzahl Eigenkapitalrentabilität (oder -rendite) gibt Auskunft über die Verzinsung des Eigenkapitals:

$$\text{Eigenkapitalrentabilität} = \frac{\text{Gewinn (Verlust)} \times 100}{\text{Eigenkapital}}$$

Da der Unternehmenserfolg nicht nur auf den Einsatz des Eigen-, sondern auch auf den des Fremdkapitals zurückgeht, ist die Renditezahl „Gesamtkapitalrentabilität" betriebswirtschaftlich informativer. Bei dieser Kennzahl ist der Reingewinn einschließlich Zinsaufwand (Erfolg + Fremdkapitalzinsen) zum Gesamtkapital ins Verhältnis zu setzen:

$$\text{Gesamtkapitalrentabilität} = \frac{(\text{Gewinn} + \text{Fremdkapitalzinsen}) \times 100}{\text{Gesamtkapital}}$$

Die Umsatzrentabilität ist das Verhältnis von Unternehmensgewinn bzw. -verlust zum Jahresumsatz (= Nettoumsätze). Sie zeigt, in welcher Relation der Gewinn zum Geschäftsvolumen steht:

$$\text{Umsatzrentabilität} = \frac{\text{Gewinn (Verlust)} \times 100}{\text{Umsatz}}$$

Kennzahlen zur Aktienbewertung

Das Kurs-Gewinn-Verhältnis (KGV) gilt als das wichtigste Kriterium dafür, ob eine Aktie billig oder teuer ist. Die Kennzahl stellt eine Verbindung zwischen dem Kaufpreis der Aktie (Börsenkurs) und dem Gewinn einer Aktie pro Jahr her, bestimmt also die relative Kurshöhe der Aktie. Das KGV ermöglicht besonders Vergleiche mit anderen Gesellschaften, dem Branchendurchschnitt und ausländischen Gesellschaften:

$$KGV = \frac{\text{Aktueller Aktienkurs}}{\text{Gewinn pro Aktie}}$$

Der Gewinn pro Aktie ist eine Ertragskennzahl, die Ihnen zeigt, wie viel Gewinn das Unternehmen pro Aktie erzielt:

$$\text{Gewinn pro Aktie} = \frac{\text{Gesamtgewinn des Unternehmens}}{\text{Gesamtzahl der Aktien}}$$

Analog lässt sich der Cashflow pro Aktie berechnen. Diese Kennziffer zeigt den Mittelzufluss pro Aktie. Wenn er sich in der Vergangenheit kontinuierlich erhöht hat, dann ist das als positives Kriterium für das Unternehmen zu sehen:

$$\text{Cashflow pro Aktie} = \frac{\text{Gesamter Cashflow des Unternehmens}}{\text{Gesamtzahl der Aktien}}$$

Bei der Dividendenrendite wird die zuletzt gezahlte Dividende ins Verhältnis zum aktuellen Aktienkurs gesetzt. Allerdings ist von der Dividende die Kapitalertragssteuer abzuziehen, die der Aktionär zahlen muss:

$$\text{Dividendenrendite} = \frac{\text{Nettodividende} \times 100}{\text{Kurs der Aktie}}$$

Die Ausschüttungsquote gibt Ihnen an, wie viel Prozent des Gewinns als Dividende ausgeschüttet wurde. Wenn Sie z. B. eine Ausschüttungsquote von 64 % berechnet haben, dann wurden 64 % des Gewinns der AG an die Aktionäre ausgeschüttet:

$$\text{Ausschüttungsquote} = \frac{\text{Dividendenzahlung der AG} \times 100}{\text{Gewinn der Aktie}}$$

223

Personalkennzahlen

Nur der Mitarbeiter kann Leistung erbringen, der auch im Unternehmen ist. Bei der Verfügbarkeitsquote erscheint im Zähler des Bruches die verfügbare Zeit, vermindert um betriebliche und individuelle Ausfallzeiten; im Nenner ist die verfügbare Zeit einzusetzen:

$$\text{Verfügbarkeitsquote} = \frac{(\text{verfügbare Zeit} - \text{betriebliche und individuelle Ausfallzeiten}) \times 100}{\text{verfügbare Zeit}}$$

Die Leerzeitenquote zeigt Ihnen, wie viel Prozent der verfügbaren Zeit auf Leerzeiten entfällt:

$$\text{Leerzeitenquote} = \frac{\text{Zeit am Arbeitsplatz ohne Arbeit} \times 100}{\text{verfügbare Zeit}}$$

Die Abwesenheit vom Arbeitsplatz, so genannte Fehlzeit, ist eine weitere Verlustquelle für ein Unternehmen. Die Fehlzeitenquote ist die Zahl der Fehlarbeitstage zur Zahl der maximal möglichen Arbeitstage aller Belegschaftsmitglieder:

$$\text{Fehlzeitenquote} = \frac{\text{versäumte Arbeitstage im Jahr} \times 100}{\text{mögliche Arbeitstage im Jahr}}$$

Für die Fehlzeitenanalyse können Sie eine weitere Kennzahl heranziehen, die die mittlere Dauer zwischen den Fehltagen ermittelt:

$$\text{mittl. Dauer zwischen den Fehltagen} = \frac{\text{Tage zwischen den Fehltagen insg.}}{\text{Zahl der Anwesenheitsperioden}}$$

Die Fluktations- oder Austrittsquote zeigt Ihnen, wie viel Prozent der Gesamtbelegschaft in einem Jahr das Unternehmen verlassen hat:

$$\text{Fluktuationsquote} = \frac{\text{Zahl der Austritte im Jahr} \times 100}{\text{durchschnittliche Zahl der Beschäftigten}}$$

Mitarbeiterbezogene Produktivitätskennzahlen

Eine einfache und klare Kennzahl ist der Umsatz je Mitarbeiter. Sie zeigt die allgemeine Leistungsfähigkeit einer Organisation. Die Aussagefähigkeit geht aber verloren, wenn sie auf einzelne Abteilungen bezogen wird. Die Kennziffer Gewinn je Mitarbeiter informiert, welcher Gewinn pro Mitarbeiter erzielt wurde. Höhere Absatzmengen bedeuten in der Regel auch mehr Gewinn je Mitarbeiter.

Der Umsatz pro Belegschaftsmitglied, das Anlagevermögen je Beschäftigten und die Lohnquote sind Kennzahlen, die stark vom Wirtschaftszweig abhängig sind. Der Umsatz pro Belegschaftsmitglied ist im Handel höher als in der Industrie:

$$\text{Umsatz pro Belegschaftsmitglied} = \frac{\text{Jahresumsatz}}{\text{durchschnittliche Zahl der Beschäftigten}}$$

Das Anlagevermögen je Beschäftigten ist in den kapitalintensiven Wirtschaftsbranchen wie Automobil- oder Elektrizitätsindustrie hoch. Für die Schaffung eines neuen Arbeitsplatzes ist in diesen Branchen viel Kapital notwendig:

$$\text{Anlagevermögen pro Beschäftigter} = \frac{\text{Sachanlagen am Stichtag}}{\text{Zahl der Beschäftigten am Stichtag}}$$

Vom Wirtschaftszweig abhängig ist auch die Lohnquote, die Relation von Lohnkosten zu Umsatz. Diese Kennzahl gewinnt an Aussagekraft, wenn außer den Lohnkosten die Gehälter und die gesetzlichen und freiwilligen Sozialkosten berücksichtigt werden. Die gesamten Personalkosten werden in Beziehung zum Umsatz gesetzt:

$$\text{Lohnquote} = \frac{\text{Personalkosten}}{\text{Umsatz}}$$

Kennzahlen zur allgemeinen Marktsituation

Der Sättigungsgrad besagt, inwieweit die befriedigte oder prognostizierte Nachfrage die maximal mögliche Nachfrage erreicht:

$$\text{Sättigungsgrad} = \frac{\text{Marktvolumen} \times 100}{\text{Marktpotenzial}}$$

Der Marktanteil zeigt, welchen Anteil das vom Unternehmen erzielte Absatzvolumen am Marktvolumen (Gesamtumsatz) hat und informiert Sie somit darüber, welchen Rang das Unternehmen in der Wirtschaftssparte bzw. der gesamten Wirtschaftsbranche einnimmt:

$$\text{Marktanteil} = \frac{\text{Unternehmensumsatz} \times 100}{\text{Marktvolumen}}$$

Die Marktwachstumsrate erhalten Sie, wenn Sie das Marktvolumen im Planungszeitraum in Beziehung zum Marktvolumen des Vorjahres setzen. Dabei ist das Marktvolumen eine prognostizierte Größe:

$$\text{Marktwachstumsrate} = \frac{\text{Marktausweitung} \times 100}{\text{Marktvolumen im Vorjahr}}$$

Kundenanalyse mit Kennzahlen

In Ihrem Unternehmen können Sie den Kundenstamm nach der Art der Kunden genauer untersuchen. Dadurch erfahren Sie z. B., wie viel Prozent der Gesamtzahl Ihrer Kunden auf einzelne Kundengruppen entfallen. Die Kundengruppen können Sie nach unterschiedlichen Merkmalen untersuchen:

$$\text{Kundenstruktur nach einem best. Merkmal} = \frac{\text{Zahl der Kunden mit einem best. Merkmal} \times 100}{\text{Gesamtzahl der Kunden}}$$

Weitere Informationen erhalten Sie, wenn Sie den Umsatz der einzelnen Kundengruppen in Beziehung zum Gesamtumsatz sehen. Die beiden Größen beziehen sich jetzt auf einen bestimmten Zeitabschnitt, z. B. ein Jahr:

$$\text{Kundengruppenanteil} = \frac{\text{Umsatz einer best. Kundengruppe} \times 100}{\text{gesamte Umsatzerlöse}}$$

Kennzahlen zu Preisen und Konditionen

Die Kennzahl Preiselastizität der Nachfrage zeigt die Relation, in der sich die nachgefragte Menge ändert, wenn eine geringe Preisänderung erfolgt. Mit ihr können Sie überprüfen, wie stark die Auswirkungen einer Preissenkung oder -erhöhung sind. Zur Berechnung herangezogen werden jeweils die prozentualen Änderungen beider Größen:

$$\text{Preiselastizität der Nachfrage} = \frac{\text{prozentuale Mengenänderung}}{\text{prozentuale Preisänderung}}$$

Die Preisnachlassquote zeigt Ihnen, wie viel Prozent der Umsatzerlöse auf die gesamten Preisnachlässe (Rabatte, Skonti und Boni) entfällt. Es gelten die Umsatzerlöse vor Abzug der Preisnachlässe und ohne Umsatzsteuer:

$$\text{Preisnachlassquote} = \frac{\text{Preisnachlässe} \times 100}{\text{Umsatzerlöse}}$$

Kennzahlen zur Verkaufsabwicklung

Die Kennziffern zur Angebotsstruktur zeigen Ihnen, wie sich die abgegebenen Angebote auf die verschiedenen Möglichkeiten der Verkaufsanbahnung verteilen (direkte Anfragen, Anzeigen, Messegespräche etc.):

$$\text{Angebotsstruktur} = \frac{\text{Angebotsabgabe aufgrund z. B. Anzeige} \times 100}{\text{Gesamtzahl der abgegebenen Angebote}}$$

Die Kennziffer Angebotserfolg bezeichnet den Anteil der erhaltenen Aufträge in Prozent der insgesamt abgegebenen Angebote. Die Differenz zu 100 ergibt umgekehrt den Anteil der nicht zustandegekommenen Aufträge:

$$\text{Angebotserfolg} = \frac{\text{erhaltene Aufträge} \times 100}{\text{abgegebene Angebote}}$$

Kennzahlen zur Messung des Werbeerfolgs

Über Absatz- und Umsatzgrößen wird die Kennzahl „Werbeerfolg" ermittelt. Sie errechnet sich aus dem Umsatzzuwachs, der sich nach der Kampagne ergeben hat, und den Kosten für die Werbung:

$$\text{Werbeerfolg} = \frac{\text{Umsatzzuwachs} \times 100}{\text{Aufwendungen der Werbeaktion}}$$

Inwieweit eine Werbeaktion tatsächlich zu einem Kauf führt, wird in der Kennzahl Kauferfolg, auch Streuerfolg genannt, erfasst. Sie stellt eine Verbindung zwischen der Zahl der Kaufimpulse und der Zahl der Werbeadressaten her und ist damit ein wichtiges Instrument zur Erfolgskontrolle:

$$\text{Kauferfolg} = \frac{\text{Zahl der Bestellungen} \times 100}{\text{Zahl der Werbeadressaten}}$$

Messung von Kundenzufriedenheit und Kundennutzen

Besonders aussssagekräftig für die Kundenzufriedenheit ist die Beanstandungsquote. Diese erhalten Sie, wenn Sie den Wert der beanstandeten Lieferungen in Beziehung zum Wert der gesamten Lieferungen setzen:

$$\text{Beanstandungsquote} = \frac{\text{Wert der beanstandeten Lieferungen} \times 100}{\text{Wert der Lieferungen insgesamt}}$$

Mit der Kennzahl „Beanstandungsstruktur" können Sie klären, auf welche Anlässe sich die Beanstandungen verteilen. Eine Reklamation kann z. B. auf eine falsche Lieferung, Produktmängel, Transportschäden zurückgehen. Wenn Sie die Quoten einander gegenüberstellen, sehen Sie, welche Ursachen am häufigsten auftreten:

$$\text{Beanstandungsstruktur} = \frac{\text{Beanstandung Produktfehler} \times 100}{\text{gesamte Beanstandungen}}$$

Kennzahlen in der Beschaffungswirtschaft

Die Beschaffungswirtschaft gliedert sich in den marktorientierten Einkauf und die eher routinemäßige Disposition.

Bei der Bildung der Kennzahl Einkaufsvolumen zu Umsatz sollten Sie mehrere Perioden erfassen, deren Werte miteinander vergleichen und die Gründe für Abweichungen analysieren. Durch eine Reduzierung dieser Größe oder einer Umsatzerhöhung wird eine Verbesserung der Ertragslage möglich:

$$\frac{\text{Einkaufsvolumen (Gesamtwert der Einkäufe)} \times 100\ \%}{\text{Umsatz}} = \ldots\ \%$$

Das Einkaufsvolumen umfasst den Gesamtwert des Einkaufs und zeigt die kosten- und kapitalmäßige Bedeutung der Materialwirtschaft. Das Einkaufsvolumen können Sie etwa auf die Zahl der Lieferanten beziehen:

$$\text{Durchschnittlicher Einkaufswert je Lieferant} = \frac{\text{Einkaufsvolumen}}{\text{Zahl der Lieferanten}}$$

Die wertmäßige Beanstandungsquote zeigt Ihnen, wie viel Prozent der Einkäufe am gesamten Einkaufsvolumen Grund zur Beanstandung gab:

$$\text{Beanstandungsquote} = \frac{\text{Wert der Beanstandungen} \times 100}{\text{Einkaufsvolumen}}$$

Kennzahlen zur Beurteilung von Lieferantenkrediten

Die Kennzahl Kreditorenumschlag informiert Sie über die Zielgewährung; sie zeigt, wie oft im Jahr die Lieferantenverbindlichkeiten neu kreditiert werden:

$$\text{Kreditorenumschlag} = \frac{(\text{Materialeinsatz} + \text{Fremdleistungen}) \times 100}{\text{Verbindlichkeiten}}$$

Durch die folgende Formel lässt sich das durchschnittliche Kreditorenziel in Tagen errechnen:

$$\text{Durchschnittliches Kreditorenziel in Tagen} = \frac{360}{\text{Kreditorenumschlag}}$$

229

Lagerkennzahlen

Bei der rechnerischen Ermittlung der optimalen Bestellmenge geht man davon aus, dass der durchschnittliche Lagerbestand der halben Bestellmenge entspricht. Bei der Annahme einer kontinuierlichen Entnahme in der Periode ist das Lager am Beginn voll und am Ende leer. Folglich nimmt man die halbe Bestellmenge als den durchschnittlichen Lagerbestand:

$$\text{Durchschnittlicher Lagerbestand im Zeitraum} = \frac{\text{Bestellmenge im Zeitraum}}{2}$$

Der Mittelwert aus Anfangsbestand und Endbestand ist die einfachste Form der Berechnung des durchschnittlichen Lagerbestandes:

$$\text{Durchschnittlicher Lagerbestand} = \frac{\text{Anfangsbestand} + \text{Endbestand}}{2}$$

Die Umschlagshäufigkeit oder der Lagerumschlag kann ermittelt werden, wenn der Warenumsatz eines Jahres und der durchschnittliche Lagerbestand bekannt sind:

$$\begin{array}{l}\text{Umschlagshäufigkeit} = \\ (= \text{Lagerumschlag})\end{array} \frac{\text{Wareneinsatz (bzw. Warenumsatz)}}{\text{durchschnittlicher Lagerbestand}}$$

Die durchschnittliche Lagerdauer wird aus der Umschlagshäufigkeit abgeleitet:

$$\text{Durchschnittliche Lagerdauer} = \frac{360}{\text{Umschlagshäufigkeit}}$$

Beim Lagerkostensatz werden die tatsächlich entstandenen Lagerkosten in Beziehung zum durchschnittlichen Lagerbestand gesetzt:

$$\text{Lagerkostensatz} = \frac{\text{Lagerkosten} \times 100\ \%}{\text{durchschnittlicher Lagerbestand}}$$

Der Meldebestand wird nach der folgenden Formel ermittelt:

Meldebestand = Verbrauch je Tag × Lieferzeit + Mindestbestand

Produktivitätskennzahlen

Produktivitätskennzahlen sind rein technische Messzahlen, die den Leistungseinsatz (= Input) und das Leistungsergebnis (= Output) einander mengenmäßig gegenüberstellen:

$$\text{Produktivität} = \frac{\text{Ausbringungsmenge (Output)}}{\text{Faktoreinsatz (Input)}}$$

Der Leistungseinsatz umfasst z. B. Arbeitsstunden und Materialverbrauch, das Leistungsergebnis drückt sich oft in der Stückzahl aus:

$$\text{Produktivität} = \frac{\text{Produktionsleistung (Ausbringung in Stück, m, kg, l)}}{\text{Einsatz von Materialmenge, Arbeitszeit, Sachkapital}}$$

Die Wirtschaftlichkeit errechnet sich aus dem Verhältnis von Erträgen zu Aufwendungen bzw. dem Verhältnis von Leistungen zu Kosten:

$$\text{Wirtschaftlichkeit} = \frac{\text{Erträge}}{\text{Aufwendungen}}$$

Die Kennzahl der Wirtschaftlichkeit des Betriebes heißt Betriebskoeffizient. Hierbei werden all jene Aufwendungen und Erträge aus der Geschäftsbuchhaltung herausgefiltert, die für die Beurteilung des eigentlichen Betriebszweckes unwichtig sind:

$$\text{Wirtschaftlichkeit des Betriebes} = \frac{\text{Leistungen (Betriebserträge)}}{\text{Kosten}}$$

Kennzahlen im Bereich Forschung und Entwicklung

Welche Bedeutung ein Unternehmen der Forschung und Entwicklung beimisst, lässt sich durch den Anteil der F&E-Mitarbeiter an der gesamten Belegschaft erkennen:

$$\frac{\text{Beschäftigte in Forschung und Entwicklung} \times 100}{\text{Gesamtbelegschaft}} = \dots \%$$

Die Forschungsintensität eines Unternehmens wird in der Relation Forschungsbudget zu Jahresumsatz gemessen:

$$\frac{\text{Aufwendungen für Forschung und Entwicklung} \times 100}{\text{Jahresumsatz}} = \dots \%$$